国家自然科学基金资助项目（No. 32201686）

温室番茄无人机授粉技术

石　强　著

上海大学出版社

·上海·

图书在版编目(CIP)数据

温室番茄无人机授粉技术 / 石强著. -- 上海:上海大学出版社,2024.12. -- ISBN 978 - 7 - 5671 - 5151 - 2

Ⅰ. S641.236

中国国家版本馆 CIP 数据核字第 20242L9L62 号

责任编辑 位雪燕
封面设计 缪炎栩
技术编辑 金 鑫 钱宇坤

温室番茄无人机授粉技术

石 强 著

上海大学出版社出版发行

(上海市上大路 99 号 邮政编码 200444)

(https://www.shupress.cn 发行热线 021 - 66135112)

出版人 余 洋

*

南京展望文化发展有限公司排版

广东虎彩云印刷有限公司印刷 各地新华书店经销

开本 787mm×1092mm 1/16 印张 9.5 字数 180 千

2024 年 12 月第 1 版 2024 年 12 月第 1 次印刷

ISBN 978 - 7 - 5671 - 5151 - 2/S·4 定价 68.00 元

前　言

目前温室番茄生产中授粉技术仍存在较大不足,难以适应现代农业绿色、高效、便捷的生产需求,成为制约温室番茄产业进一步发展提升的因素。通常认为,风力产生的风致振动也足以使番茄进行授粉。近年来,随着无人机科技的快速发展,无人机授粉在水稻、梨树、山核桃等作物上得到了成功应用,并取得了良好效果。无人机下洗流场具有湍流度高、时空脉动特性强、风场能量集中等特点,可以使番茄花朵发生复杂的风致振动,而且无人机自动化程度高、作业劳动强度低,为温室番茄授粉带来了新的解决思路。

第 1 章是绪论,是全书的铺垫。本章介绍了番茄授粉的概念和研究现状,阐述了番茄授粉面临的问题和挑战。

第 2 章是番茄花朵宏微观结构研究。本章以种植最为广泛的普通番茄和樱桃番茄为研究对象,采取在体观测、采摘解剖、石蜡切片和 Micro CT 成像等多种技术手段对番茄花朵宏观和显微结构进行深入研究,发现普通番茄和樱桃番茄在花序形态、花朵宏观形态、花药微观结构、花粉微观形态、花粉囊开裂特性、花朵振动授粉特性等方面具有高度相似性。本章同时构建了番茄花药三维模型,为研究番茄花朵授粉动力学研究提供结构数据。

第 3 章是微米尺度花粉颗粒接触特性研究。本章利用 Hertz 接触理论和 JKR 黏弹性接触模型,对花粉颗粒接触过程进行分析。研究花粉颗粒 AFM 探针修饰方法,基于 AFM 压痕试验技术对花粉颗粒接触过程中的黏附作用力和位移进行了测量。根据 JKR 模型和试验结果,解析计算得到番茄花粉颗粒、花粉囊、柱头和花柱的杨氏模量分别为 4.82×10^4 Pa、5.51×10^4 Pa、2.31×10^5 Pa、1.01×10^5 Pa。当花粉颗粒探针逐渐靠近花粉颗粒、花粉囊、花柱和柱头时,所受到的近程吸引力分别为 -0.68 nN、-2.11 nN、-1.38 nN 和 -27.18 nN。使用离心法对 AFM 试验进行了验证,研究发现离心法测量柱头黏附力具有测量精度高、成本低和速度快的优点,在微米尺度颗粒黏附力分析方面具有广阔的应用前景。

第 4 章是振动授粉过程仿真计算和试验验证。30 Hz、30 mm、Z 轴方向的风致振动参数下,柱头黏附的花粉数最多。振动参数的主次顺序依次为振动频率>振动方向>振动幅度。蜂鸣振动授粉的较优水平为 300 Hz、0.5 mm、Z 轴方向的振动,三个因素之间的主次顺序依次为振动幅度>振动频率>振动方向。最大加速度小于 58.92 m/s^2 时,番茄花朵不具备授粉能力。最大加速度大于 58.92 m/s^2 时,花朵具有较大的授粉概率。当最大加速度为 $353.52 \sim 2\,455.00$ m/s^2 时,花朵授粉可能性极高。但是当最大加速度超过 $2\,455.00$ m/s^2 时,花朵授粉可能性急剧下降。盲目增加最大加速度并不会提高授粉率,甚至会导致花朵的振动损伤。无论是风致振动授粉还是蜂鸣振动授粉,均是沿着 Z 轴方向的振动最有利于授粉。花粉黏附和逃逸在很短时间内(小于 0.4 s)达到饱和稳定状态,之后黏附数和逃逸数并不随时间的增加而变化。

第 5 章是下洗流场作用下番茄花朵风致振动规律。无人机下洗流场具有强烈的时空脉动特性,E360 无人机 1 m 高度悬停时,旋翼下方平均风速为 10 m/s,下洗流场强度随着飞行高度增加而减弱。在下洗流场作用下,花朵运动由两部分叠加组成:一部分为花朵侧枝的摆动,一部分为花朵自身的振动,花朵自身振动是花朵振动授粉的主因。E360 无人机 1.3 m 高度悬停和 TELLO 无人机 1.0 m 高度悬停时,下洗流场平均风速大于 4.5 m/s,此时下洗流场产生的风致振动可以使番茄花朵稳定可靠地授粉。但过大的风速可能导致植株风致损伤,对于长势较弱的番茄需进行搭架绑蔓处理。

第 6 章是试验验证。研制的授粉无人机有较好的悬停、俯仰、滚转和偏航飞行能力,在温室栽培槽行间飞行时,可对飞行方向两侧番茄进行风致振动授粉。导流板的存在对无人机温室授粉作业起着至关重要的作用,若无导流板无人机在温室行间飞行,下洗流场不足以使番茄花朵进行有效风致振动授粉。授粉无人机悬停高度与植株齐平时,番茄顶部至中部区域受到明显的风力作用,靠近无人机一侧平均风速为 $5\sim6$ m/s,可同时对两侧 2 株番茄进行有效风致振动授粉。无人机授粉可以显著提高温室番茄坐果率、降低畸果率,使番茄产量高于自然授粉 30% 左右,具有成本低、效益好、作业效率高和劳动强度低等优点。

第 7 章是总结和展望。主要是对本书的主要内容和番茄授粉的未来发展进行总结。

本书围绕无人机在温室番茄授粉中的应用展开研究,通过深入分析番茄花朵的宏观和显微结构,探讨了花粉颗粒的接触过程及黏附特性,研究了风致振动和蜂鸣振动授粉的最佳参数,评估了无人机下洗流场对番茄花朵振动授粉的影响,并成功研制了适用于温室番茄授粉的无人机系统。研究成果不仅为温室番茄授粉提供了新的解决方案,也为无人机在农业领域的应用拓展了新的方向。

目　录

第 1 章

番茄授粉导论

1.1 研究背景及意义

番茄(拉丁学名:*Lycopersicon esculentum*),即西红柿,是管状花目、茄科、番茄属的一种一年生或多年生草本植物。番茄果实中富含维生素、番茄红素等对人体有益的营养元素,被广泛种植于世界各地,是人类重要的蔬菜作物之一[1]。近年来我国番茄年产量均在 5 500 万吨以上,约占世界总产量的 30%[2,3]。我国番茄主要以设施栽培为主,是设施栽培面积最大的蔬菜(占设施栽培蔬菜总面积的 19.7%)[4]。2016 年我国温室番茄播种面积约 81 万公顷,其中日光温室 38.8 万公顷,塑料大中棚 36.2 万公顷,温室番茄的生产能力仍在持续增加[5]。

设施栽培在反季节生产中可为番茄提供适宜的生长发育环境,但设施环境相对封闭,阻碍了自然风和授粉昆虫的进入。番茄属自花授粉植物,在高温、高湿的设施环境下番茄花粉散出困难[6],自然坐果率只有 50% 左右[7]。在温室番茄开花期间,采取人工辅助授粉,可以大幅度提升坐果率、减少畸形果,提高温室番茄生产产量和品质[8],因而授粉技术已成为温室番茄生产过程中的重要配套技术之一[9]。目前采用的授粉方式主要有激素授粉、机械振动授粉、蜜蜂授粉[7-10]。

激素授粉是通过向花朵涂抹或喷洒植物生长调节剂、刺激子房发育成为果实的方法。由于没有经过正常授粉受精,果实中不会形成种子[10]。目前,温室番茄生产中主要使用 2,4-二氯苯氧乙酸(2,4-D)和对氯苯氧乙酸(防落素)来进行授粉[11,12]。激素授粉增产效果显著,但对授粉时机选择、药液浓度控制、施药部位等诸多方面有着很高要求,授粉人工劳动强度较大。同时,激素授粉存在着激素污染和残留的风险,存在一定的食品安全隐患[13]。

机械振动授粉是在番茄开花期,使用授粉器振动番茄花序进行辅助授粉[14]。机械振动授粉时可使残留花瓣受振动冲击脱落,在一定程度上减少灰霉病、菌核病等病害的发生[15]。但是,机械振动授粉需要对待授粉花朵逐个振动,夏秋季隔天授粉一次,劳动强度也非常大。而且,机械振动授粉使用不当会对番茄花朵、果实和茎秆造成损伤,从而引发病毒侵染果实。因而,该方式目前并未得到广泛应用。

蜜蜂总科(Apoidea)昆虫是自然界中最为常见的授粉者[16,17],它们主要以被子植物的花蜜和花粉为食。蜜蜂授粉是授粉蜜蜂与被子植物协同进化的结果。植物为蜜蜂提供花粉和花蜜,而蜜蜂在访花时又会促进植物授粉。番茄花朵不分泌花蜜,且花药结构封闭,仅在花药顶部长有小孔可供花粉释放[18]。蜜蜂授粉时通过胸腔振动产生的"嗡嗡"声使番茄花粉释放,这种现象又被称为蜂鸣授粉[19]。目前温室番茄主要利用熊蜂(又称大黄蜂)和无刺蜂等蜂鸣振动特征较为强烈的蜜蜂进行授粉[20,21]。经蜜蜂授粉的果实畸形率低、外形饱满、商品性好、色泽鲜亮,还可以减少植株染病的概率[7,8,22]。但是蜜蜂授粉需要非常专业的蜂群管理技术[23],授粉前和授粉期间对农药喷施有严格限制[24],授粉成本较高,大范围推广仍然具有局限性。

综上所述,目前温室番茄生产中授粉技术仍存在较大不足,难以适应现代农业绿色、高效、便捷的生产需求,成为制约温室番茄产业进一步发展提升的因素。通常认为,风力产生的风致振动也足以使番茄进行授粉[25]。近年来随着无人机科技的快速发展,无人机授粉在水稻、梨树、山核桃等作物上得到了成功应用,并取得了良好效果[26-28]。无人机下洗流场具有湍流度高、时空脉动特性强、风场能量集中等特点[29],可以使番茄花朵发生复杂的风致振动[30],而且无人机自动化程度高、作业劳动强度低,为温室番茄授粉带来了新的解决思路。为此,本课题将开展番茄振动授粉机理和无人机下洗流场作用下授粉方法研究,探索温室番茄风力授粉无人机气动布局,为温室番茄无人机风力授粉提供理论和方法支撑,具有重要的理论意义和应用前景。

1.2 国内外研究现状

番茄花朵振动授粉是花朵在蜂鸣振动或者风致振动作用下,其内部花粉颗粒从花粉囊的开裂处释放,在花药内不断碰撞和运动,直至被柱头黏附的过程。振动授粉与花朵形态、振动特性以及花粉颗粒的黏附特性密切相关。因此,对番茄花朵形态学、振动参数对番茄授粉的影响规律、农业颗粒物料接触特性、植物风致振动以及无人机授粉等领域的研究现状进行总结和分析,能够为后续研究提供帮助。

1.2.1　番茄花朵形态学研究现状

（1）花序形态研究现状

包括番茄在内的大多数植物的花会按照一定方式有规律地着生在花轴上，这种花在花轴上排列的方式和开放次序称为花序。番茄花序形态可分为单花、单式花序、双歧花序和多歧花序四种[31]。

花序节位与单花序花数作为番茄的重要农艺性状，是番茄产量的重要构成因子，对指导番茄育种具有重要意义[32]。目前已经发现了许多与番茄花序发育相关的基因，包括花分生组织特征基因 FA[33]、花序分生组织特征基因 SFT[34] 以及合轴分生组织特征基因 SP[35] 等。SFT/SP 比率调节开花与分枝，并决定了番茄生殖和营养分生组织中的生长与终止平衡，影响番茄产量[36]。

虽然栽培番茄在许多果实特性如形状和大小等方面表现出广泛的变异性[37]。但是栽培番茄的祖先樱桃番茄在从起源地南美洲向中美洲和欧洲传播的过程中，其遗传多样性大量丧失。长期驯化和现代育种的"瓶颈"效应使得栽培番茄的遗传背景日益狭窄[38]，番茄花序性状特征差异较小[39]。据统计，番茄栽培种仅占番茄基因库总遗传变异性的5%[40]。

（2）花朵发育形态研究现状

研究发现，同一品种番茄的不同小孢子，其发育时期花朵的器官形态不同，不同品种番茄的相同小孢子，其发育时期对应花朵的外部形态特征基本相同[41]。通过对不同大小番茄花朵和花粉发育的显微观察，发现番茄花朵的大小与小孢子发育时期有着密切关系[42]。

李静等[43]根据雄性配子的发育特点、花朵的长度、形态及其解剖学结构将花器官分为9个发育期：时期Ⅰ（花蕾长度 4 mm，造孢细胞时期）、时期Ⅱ（花蕾长度 6 mm，小孢子母细胞时期）、时期Ⅲ（花蕾长度 8 mm，四分体时期）、时期Ⅳ（花蕾长度 10 mm，小孢子时期）、时期Ⅴ（花蕾长度 15 mm，初级花粉粒时期）、时期Ⅵ（萼片松动露出花瓣，花粉成熟中）、时期Ⅶ（花瓣松动，花粉成熟）、时期Ⅷ（盛开前 1 天）和时期Ⅸ（盛开）。

Sibi 等[44]研究发现，当花药为绿色且花药末端略带淡紫色时，小孢子的发育时期在单核期与双核早期之间，处于第一次有丝分裂时期，小孢子比较有可能向单倍体方向发育。Morrison 等[45]研究发现，当小孢子处于单核靠边期时，花蕾和花药的形态特征是：花蕾膨大、微微张开、萼片黄绿色，花药颜色为黄绿色、易剥离。因此番茄花蕾的颜色和大小可以作为判断小孢子发育时期的一个简单而可靠的指标[46]。

（3）花药结构与开裂研究现状

花药作为雄蕊最重要的组成部分,含有与花粉粒形成及释放有关的生殖和营养组织。花药适时开裂,花粉才能在成熟后适时释放进行授粉,从而保证传粉与受精过程的顺利进行,所以花药开裂是花药发育后期的一个重要特征[47]。当作物花药开裂不完善或完全不开裂时,就会影响传粉作用的完成而导致作物减产。花药开裂发生在四分体之后,主要涉及三个特殊的组织:药室内壁、药隔和裂口[48]。

桂明珠[49]采取解剖学方法对番茄花药结构与开裂方式进行了观察,发现番茄通常有5~6个花药,彼此衔接紧密,连成筒状。花药顶部外侧常延伸成叶片状,成熟时花药呈黄色,内侧纵裂散粉。根据花药的横断面观察,最初的孢原细胞为新月形,成熟时4个药室均呈马蹄形。番茄纤维层状细胞为开裂的动力源,裂口处薄壁异形细胞为开裂最薄弱位点。随着花药发育,在同侧药室间壁具有的特异细胞群,发生一系列变化,开裂前自行瓦解消失,产生"断裂层"现象,使两药室彼此匀通,这种断裂现象有利于花药的开裂。

Garcia[50]等对番茄花药发育及其结构进行了研究,发现在花药内外表面的发育上存在两种不同的模式,从而导致花药的开裂。花药外表面上表皮细胞发育更大,可能参与了气孔的打开。在花药的顶端约1/5位置,内表面形成了增厚的细胞,形成一个较大的裂口,花粉通过裂口释放。外壁厚度较大,为花药提供结构性支撑。番茄花药独特的发育和开裂形式,可能是蜂鸣授粉机制的组织学适应。

（4）花粉显微形态研究

花粉的成熟对植物的繁衍,尤其对农作物的产量和品质都有决定性的影响。番茄小孢子的形成和花粉粒的发育与黄瓜[51]、辣椒[52]花粉粒的发育相似[42]。

番茄花粉先后经历小孢子母细胞、二分体、四分体、单核中期、单核靠边期,至双核期逐渐发育成熟,靠花粉壁的为生殖细胞,占据细胞中央的为营养细胞。番茄成熟的花粉粒为二细胞花粉粒,在花粉壁上可观察到明显的三个呈凹透镜形状的萌发孔[53]。

使用扫描电镜对番茄花粉进行观察[54],不同品种番茄的成熟花粉表面纹饰有一定差异而形状则极为一致。花粉赤道轴长平均为 24.81 μm,极轴长平均为 24.27 μm,极/赤比(P/E)在 0.94~1.03 之间,呈球形。花粉极面呈三裂圆形,赤道面呈圆形。三裂圆形的极面具三条萌发沟,萌发孔位于沟的中央,属于 NPC 分类系统[55]中的 N3P4C5 类型(N3萌发孔数目为 3,P4 位置为环状排列,C5 特征为孔沟型),内孔横长,赤道中部沟较宽,两端渐尖,沟区具颗粒。在长期的栽培驯化过程中,番茄花粉表面逐渐由粗糙变得平滑。

1.2.2 振动参数对番茄授粉的影响规律研究现状

无论是机械振动授粉、风致振动授粉还是蜂鸣授粉,其本质都是通过振动番茄花药,使花粉颗粒从花粉囊中释放，然后在振动作用下，促使花粉颗粒被花药内的柱头黏附[25,56-58]。目前番茄振动授粉研究主要集中于蜂鸣授粉，机械振动授粉和风致振动鲜有报道。蜂鸣授粉时，振动通过与花药直接接触的胸腔、头部、腹部和腿部传递至花药，也会传递到花瓣和萼片[59]。当振动传递到空气中，会发出"嗡嗡"声，这就是蜂鸣授粉的由来，但是蜂鸣声波并不会对授粉起到帮助[60]。虽然蜂鸣授粉已经被发现了 100 多年，但是人们对蜂鸣授粉的认知仍然比较有限[61]。

King 等[62]通过经验研究表明，施加在花药上的振动特性（频率、振幅和振动持续时间）会影响花粉释放。在 Buchmann 和 Hurley[63]的蜂鸣授粉生物物理模型中，番茄花药释放花粉的速率与垂直于花药长度方向的振动频率成正比。Harder 等[64]研究发现，花粉释放量与振动频率存在密切联系，1 000 Hz 振动时产生的花粉量是 400 Hz 振动时的 2 倍。但是 Luca 等[65]的研究则认为，振动频率对花粉释放的影响并不大，振动幅度和持续时间对花粉释放具有更大影响。Tayal 等[66]人研究结论与 Luca 等相似。Tayal 等使用电动牙刷对番茄花朵进行振动授粉，发现花粉释放量与振动频率关系并不密切，而与振动次数显著相关。花粉释放是由振动的多种特性共同决定的[67]，研究一个"孤立"的变量（如频率）不足以描述传递到花药的力及其对花粉释放的影响[68,69]。Rosi-Denadai 等[70]研究发现，振幅与番茄花粉释放呈正相关，但花粉释放与频率的关系取决于振幅作为协变量时是正相关还是负相关。

Buchmann[71]认为花粉是由振动的花药内壁传递的动能排出的，King 等[72]认为振动过程中加速度产生的离心力是导致花粉释放运动的主要因素。除了这些机械效应外，Sarah 等[73]认为花粉粒和花药壁之间的静电相互作用也可能对花粉释放有重要作用，但目前还没有直接证据表明这一点。

1.2.3　农业颗粒物料接触特性离散元研究现状

离散单元法（discrete element method，DEM）的思想最早可追溯至 1957 年 Alder 和 Wainwright[74]提出的分子动力学（molecular dynamics，MD）方法，在此基础上，1971 年 Cundall[75]提出了离散单元法（简称离散元）。离散单元法仿真系统由离散的单元体组成，单元体之间存在接触与脱离，存在相互运动、接触力与能量的联系，应用微观力学可以对离散体力学问题进行数值求解[76]。随着离散介质领域科学研究和工程应用的深入，基于离散元的高性能计算颗粒力学分析软件受到极大的关注，各种相关计算分析软件得到了快速发展。目前常见离散元软件有 LIGGGHTS[77]、YADE[78]、Mercury DPM[79]、PFC[80]和 EDEM[81]。经过 50 多年的发展，离散单元法在农业颗粒物料研究领域取得了大量研究成果[82,83]。

颗粒之间以及颗粒与边界之间的接触作用决定了颗粒运动学和动力学特征,这是离散元研究领域的重点研究内容。接触作用通过法向和切向的力-位移法则以及转动方向的力矩-角度法则来支配颗粒系统动力学行为。受颗粒接触作用影响,弹性接触增加颗粒系统能量、黏塑性接触和摩擦损耗颗粒系统能量会保持动态变化。同时,接触作用反映了颗粒材料的本构关系,可以用接触模型来表达其接触过程中的力-变形关系。

相比于塑料、金属、矿物等工业颗粒材料而言,通常农业颗粒物料含水率较高且易吸湿,材料本征参数和接触力学参数随含水率不同而表现出巨大差异,颗粒间存在明显的黏附作用,接触特性更为复杂。常见的农业物料颗粒接触模型包括线弹性模型、弹塑性模型、黏弹性模型、表面黏附模型和切线刚度模型等[84]。

Hertz-Mindlin with JKR 凝聚力接触模型常用来模拟细小潮湿颗粒间的黏附作用,黏附力通过 JKR 表面能表达。韩树杰等[85]采用仿真试验与物理试验相结合的方法,对厩肥-厩肥恢复系数、厩肥-钢恢复系数、JKR 表面能离散元接触参数进行标定。袁全春等[86]提出一种通过仿真试验建立回归模型并结合物理试验寻优的方法,考虑颗粒间黏附作用,对有机肥离散元模型参数进行标定。罗帅等[87]为确定不同含水率下蚯蚓粪基质的多种参数,提出了通过测定基质含水率,预测休止角,通过休止角合理推测其他参数的思路,并提出了一种散体休止角测定方法。

Landry[88]以猪粪基有机肥为研究对象进行直剪试验仿真,在线性接触模型中,颗粒刚度系数正切向比值参数为影响内摩擦角的主要因素,而对于简化 Hertz-Mindlin 接触模型而言,剪切模量则为影响表观黏附力和内摩擦角的主要因素。张荣芳等[89]采用颗粒聚合黏结的方法,使用 Hertz-Mindlin with bonding 接触模型,用不同半径的填充颗粒球构建水稻种子离散元模型。Horabik 等[90]通过试验发现随着湿度的增加,种子恢复系数随碰撞速度的变化关系趋于非线性,提出了一种用来确定离散元种子模型在不同湿度下恢复系数的方法。李永奎等[91]使用离散元对玉米秸秆粉料在单向受压状态下的力学行为进行了仿真分析,基于玉米秸秆粉料的黏弹特性,模型中使用软球模型表示物料。冯俊小等[92]采用离散单元法对杆状秸秆颗粒在固态发酵桶内混合状态仿真所需参数进行了标定,颗粒接触模型采用了 Hertz-Mindlin(no slip)与 Linear Cohesion 相结合的复合模型,颗粒与壁面黏性系数为物料混合程度的决定性因素。

离散单元法不但对球形和近球形物料有很高的仿真精度,对于非规则物料也可以通过颗粒聚合建模方法实现高精度仿真。Boac 等[93]进行了大豆单球模型和多球模型的比较研究,结果显示,单球大豆模型能更加准确地模拟散体物料特性。刘彩玲等[94]提出了一种基于三维激光扫描法的模拟水稻等非规则球形颗粒材料的离散元模型建立方法,结果表明多颗粒聚合模型比常规椭球体模型仿真精度更高,与实际试验结果更加接近。基于 Hertz-Mindlin 接触模型,石林榕等[95]根据测量统计结果将马铃薯分为球形、椭球形和不规则 3 种类型,并以测量的特征尺寸平均值为依据建立种薯模型。国内外学者还对玉米[96,97]、小麦[98]、苜蓿种子[99]、三七种子[100]、水稻芽种[101]等多种形状的农业物料颗粒的离散元模型参数进行了系统标定研究。

1.2.4 植物风致振动研究现状

风是自然界最常见的环境因子之一。在风力作用下,植物会发生多种形式的响应,微风作用下叶片摆动、枝干摇晃[102],过大的风力可能会导致作物倒伏[103]。除了机械响应外,风诱发的向动性会对植物的形态和组织产生影响[104,105],风引起的冠层运动会对光波动和光合作用产生影响[106]。

周建中[107]对新疆杨进行野外真实风条件下动力加载试验,得到了风致动态应变、风致动态位移、风致动态速度及风致动态加速度响应特征曲线。在随机风荷载激励下,林木的外表层纤维交替处于拉压状态;随着林木高度的增加,林木的风致动态位移越大。Schindler 等[108-111]研究发现,湍流风作用下树木振动是复杂和不规则的,但是风载荷与树木振动存在协变关系,最大振幅发生在沿风向以及跨风向,风致振动频率在树木自然摇摆频率范围内,树木摇摆未受到共振效应的影响。Dirk 等[112]通过试验方法研究发现,在风力作用下枫树振动频率范围为 0~100 Hz,具有多阶振动模态,叶片的存在会大幅度减少振动幅度。Timerman 等[113]利用高速摄像技术对风力作用下花朵振动频率、振幅、振动形式等参数进行采集和分析,试验数据表明花朵风致振动频率主要集中在 10~30 Hz 范围,并基于悬臂梁振动理论对花朵固有频率、阻尼比和弹性模量等参数进行解析,发现当花朵风致振动频率接近花朵固有频率时,花朵会出现共振现象。石强等[30]利用无人下洗流场对水稻的风致响应特性进行了试验研究,发现在下洗流场作用下,水稻植株高度显著降低、单位面积内冠层投影面积呈增加趋势。

吴康等[114]采用线性滤波法通过编程模拟了林木的脉动风速时程曲线,并在 ANSYS 内建立起有限元模型,通过施加模拟得到的风荷载获得了林木风致随机振动的动力响应,分析表明,这种有限元方法对于模拟林木的风致随机振动是可行的。任一凡[115]构建了不含叶片的刺槐和脉动风场流固耦合模型,解析了耦合效应下刺槐枝干的风致振动特性。杨望等[116]对甘蔗进行简化后利用 LS-DYNA 软件的不可压缩流求解器和强耦合计算方法,对风与甘蔗的流固耦合作用进行了数值模拟和试验验证。汤海昌[117]以随机振动理论为基础,利用 ANSYS 有限元分析软件,建立新疆杨的树木结构有限元模型,通过在频域内建立了风荷载谱的特性与结构响应之间的直接关系来分析树木结构在风荷载作用下的随机振动响应。李志杰[118]选取杉木为研究对象,采用有限元数值计算方法,对杉木枝干系统的结构特性及风致动态响应的特征进行研究,总结分析杉木结构风振的规律特点。

1.2.5 无人机授粉研究现状

利用无人机高速转动旋翼诱导产生的下洗流场进行风力授粉,在水稻、玉米、杉木等风媒授粉植物上应用较多[119,120]。汪沛等[121]对无人机风力授粉时风向、风速和风场宽度等参数进行测量,研究确定适宜水稻授粉的飞行作业参数。李继宇等[27,122-124]研究了风向、风速和风场宽度等风力参数与花粉分布面积比和花粉分布宽度的内在联系,得到下洗流场对水稻花粉分布的影响关系。刘爱民等[125]通过田间水稻花粉密度观测、母本异交结实率及制种产量考查研究无人机风力授粉效果,研究发现无人机风力授粉的结实率和产量可达到甚至高于人工辅助授粉。王邦富等[126]使用无人机下洗流场对杉木进行风力授粉,研究表明,无人机风力授粉坐果率比自然授粉提高117.5%,无人机风力授粉效率是其他人工授粉的33倍。

对于梨树、猕猴桃、山核桃等虫媒授粉植物,无人机授粉主要采取向花朵喷洒含有花粉的雾滴方式进行授粉[127]。王士林等[128]对无人机梨树喷雾授粉技术进行了研究,无人机喷雾授粉后梨树花序和花朵坐果率分别为37.2%、15.2%,授粉效果低于人工点花授粉,但是作业效率和劳动强度远低于人工点花授粉。程建斌等[28]发现无人机喷雾授粉对山核桃果实有明显增效作用,单位面积鲜果增产37.16%,单果质量增加12.02%。Miyako等[129]利用泡泡代替雾滴,在无人机上安装泡泡机,利用带有花粉的肥皂泡对花朵进行授粉,由于肥皂泡能较长时间飘浮在空气中,且在下洗流场的作用下飘移远大于雾滴,理论上具有更大的授粉范围,但是实际授粉效果还有待验证。

除了上述两种无人机授粉方法外,研究人员还根据蜜蜂授粉特性研发了仿生无人机进行授粉。Amador等[130]研究发现,蜜蜂在授粉时身体表面绒毛会恰到好处地卡住花粉,受此启发,他们在微型无人机"腹部"利用马毛制作了类似的绒毛结构,为了增强马毛黏附力在其上面刷有离子液体凝胶,无人机在访花飞行时通过马毛黏附和传播花粉。Wood等[131]受蜜蜂的启发研发了一款只有84 mg的微型无人机,无人机在飞行间隙可以黏附在花朵上,通过接触花朵进行授粉。

现有无人机风力授粉对象为风媒作物,花粉颗粒干燥、数量较多,直接裸露在外,在下洗流场作用下十分容易发生飘移;现有无人机授粉的应用场景为大田环境,无人机飞行空间大、作业路径多。番茄花朵为自花授粉的孔裂花药,花粉隐藏于花粉囊内部,花粉释放和黏附均发生于花朵内部；温室空间狭小，无人机无法在番茄植株上方随意飞行，只能在有限区域内作业。温室番茄无人机授粉与大田环境无人机授粉有着较大的区别，需要对此开展深入研究。

1.3　关键技术

本书以温室番茄为研究对象，在国内外学者研究的基础上，主要围绕以下两个主要问题开展研究。

（1）番茄花朵振动授粉机理

番茄花粉为直径 20 μm 左右的球形颗粒，由于尺度效应，花粉颗粒间的范德华力大于重力三个数量级以上，占据主导作用。花粉颗粒之间以及花粉颗粒与花药的接触特征与常规大颗粒存在显著区别。如图 1-1 所示，当番茄花朵发生振动时，花粉从花粉囊裂口处释放，并在振动的花朵中不断运动、碰撞，当与柱头黏附后经水合、萌发等步骤，完成授粉过程。为此，需要研究番茄花药微观结构特性和微尺度花粉颗粒接触特性，构建离散元计算模型，对花粉颗粒复杂振动条件下释放—运动—黏附过程进行计算，揭示番茄风致振动授粉机理，并确定适宜授粉的花朵振动参数。

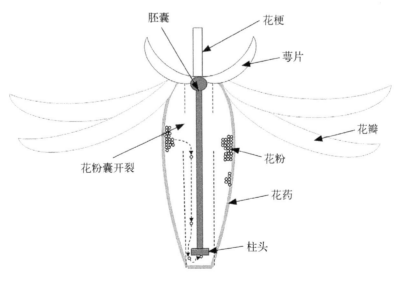

图 1-1　番茄授粉示意图

（2）下洗流场作用下番茄花朵风致振动特性

番茄是有生命的柔性体，植株高大，形貌复杂，生物力学特性显著，具有结构非线性和材料非线性特点。同时,无人机下洗流场时空脉动特性强,主要在垂直方向流动,与自然风存在较大差异,传统的结构随机风振理论已不适用。因此,需要研究无人机下洗流场作用下番茄花朵的风致振动特性,确定授粉的风力参数,设计适于授粉的无人机气动布局。

第 2 章

番茄花朵宏微观结构研究

番茄从被发现到逐渐被人们食用和推广,现已成为全世界主要的消费蔬菜之一[132]。番茄花药结构近似封闭,花粉囊在内部纵向开裂,柱头包裹于花药内,独特的花药结构导致了外部花粉颗粒很难进入番茄花朵内进行传粉,番茄主要依靠自花授粉进行繁殖。在外界振动的作用下,成熟的花粉颗粒通过药隔、药室内壁和花粉囊外部裂口等通道从花粉囊内部释放,并在花柱与花粉囊组成的腔体内不断碰撞运动,部分花粉运动到柱头附近时被柱头黏附,并经过水合和萌发等过程完成授粉。在振动授粉过程中,番茄花朵的宏微观结构对授粉有着至关重要的作用。

为此,本章以种植最为广泛的普通番茄(var. *vulgare*)和樱桃番茄(*Lycopersicon esculentum* var. *cerasiforme*)为研究对象,采取在体观测、采摘解剖、石蜡切片和 Micro CT 成像等多种技术相结合的手段,突破花药结构封闭和内部微尺度结构带来的观测困难,对番茄花朵宏观和显微结构进行深入研究,揭示花序形态、花朵发育形态、花粉囊开裂形态、花粉颗粒显微结构和花粉颗粒在花药内的分布规律等特征,构建番茄花药三维模型,为后续研究番茄花朵风致振动授粉机理研究提供基本数据。

2.1 材料与方法

2.1.1 试验材料

选取 2 个品种的普通番茄和 1 个品种的樱桃番茄为研究对象,具体品种信息见表 2-1。

采取营养钵育苗,当幼苗苗龄为 65 天时定值,栽培模式为土培。采取单秆整枝,栽植密度约 2 000 株/亩,栽植数量 30 株。样本培育期间平均气温 21℃,平均相对湿度 70%,培育情况如图 2-1 所示。

表 2-1 番茄品种

序号	品 种	选育单位	类 型
1	合作 906	抚顺市北方农业科学研究所	普通番茄/有限生长型
2	粉冠 F1	西安市嘉信种业有限公司	普通番茄/无限生长型
3	圣女玛利亚	太原市颗赛颗种业有限公司	樱桃番茄/无限生长型

a. 合作906   b. 粉冠F1   c. 圣女玛利亚

图 2-1 番茄培育情况

2.1.2 花朵宏观形貌和空间位姿观测

番茄植株开出首节花序后,参照《番茄种质资源描述规范和数据标准》[31],对番茄花序类型、第一花序位置、第二花序位置、花序数量、花序级数、花序分枝数、花序花数进行统计和分析。

番茄植株生长茂盛、形貌复杂,且叶片、花朵和枝干相互遮挡严重。手动测量时容易与花序发生接触,植株变形导致测量精度无法保证,而且手动测量方法效率低下,不适用于大批量测量。采取二维图像采集方法观测花朵宏观形貌,虽然不与植物发生接触、效率较高,但是二维图像没有深度信息,无法解析花序空间三维姿态。随着深度相机技术的日趋成熟,使用深度图像传感器逐渐应用于植物表观形态的无接触测量[133-135]。

在 Windows 10 64 位操作系统下安装深度相机(微软 Azure Kinect DK)驱动和 SDK软件,深度相机工作模式设置为 WFOV(宽视场深度模式)非装箱模式、分辨率 1 024×1 024,使用 Azure Kinect DK 录制器将深度相机发出的数据流录制到文件中,并保存为MKV 格式。搭建 Visual Studio 2019 集成开发环境,使用 OpenCv 2.4.9 从捕的数据中获取深度图像、红外图像和彩色图像,然后将深度图像、红外图像和彩色图像转换为OpenCv 格式,实现可视化。安装并配置 Point Cloud Library 1.8.1 环境变量,从 MKV格式文件中读取特定范围点云数据,并保存为 ply 或 pcd 格式点云数据文件。使用

CloudCompare v2.11.1软件对保存的番茄花序三维点云进行读取和测量。

　　如图 2-2 所示,于天气晴好的上午 9 时左右,使用微软深度相机 Azure Kinect DK 分别对三个品种番茄花朵发育情况进行多角度深度图像信息采集,番茄植株主茎位置垂直放置标尺,用于点云数据的验证和校准。根据彩色图像和点云数据,统计分析第一花序节位、第二花序节位、花序类型、单花序花数和花朵垂角等宏观形态参数。同时,提取不同发育状态番茄花朵形貌图像,研究花粉发育成熟时花朵的宏观形态特征。

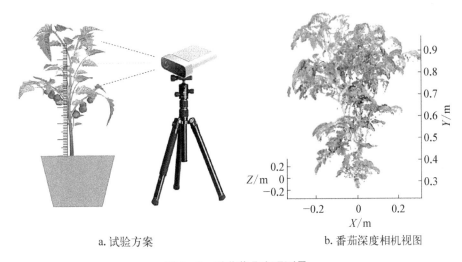

a. 试验方案　　　　　　　　　　b. 番茄深度相机视图

图 2-2　番茄花朵宏观测量

2.1.3　花朵显微观测

　　由于番茄花药结构封闭,仅在花药顶部有一微小的小孔,但是小孔下方是柱头,花药内部结构无法直接观测,因此需要对番茄花朵进行解剖,观测和研究其内部结构特性。

　　于天气晴好的上午 9 时左右从 3 种番茄植株上采摘花粉成熟中(萼片松动露出花瓣)、花粉成熟(花瓣松动)和已盛开花朵(花瓣打开露出花药)等不同状态的番茄花朵。采摘时连同侧枝一起摘下,采摘后立即将侧枝插入水中,防止花朵快速失水枯萎。首先对花朵完整的形貌尺寸进行测量,然后使用解剖刀、镊子和解剖针去除萼片,剥出完整花药,在显微镜下观测花药长度、最大宽度、花粉囊数量和花药表面纹理特征等参数,如图 2-3a 所示;使用解剖刀从子房底部横切,去除花托,并沿花粉囊间隔将花粉囊切开,使用镊子和解剖针小心地将花药剥离,取出花柱和子房,如图 2-3b 所示;将花柱置于显微镜下观测,分别测量花柱长、茸毛杆长、光杆长、柱头长、花柱宽和柱头宽等参数;观测花粉囊裂口长度、宽度、开裂位置等信息,同时观测花粉颗粒在花药内部和花柱上的黏附、团聚等情况,如图 2-3c 所示。

 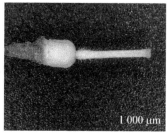 

a. 花药   b. 花柱   c. 花粉囊

图 2-3 番茄花朵解剖显微观测图

2.1.4 花粉颗粒扫描电镜观测

选择花粉成熟期即将开放的花朵,去除花瓣和萼片,将花药置于 30℃ 烘箱内烘干 8 h,使用玻璃搅拌棒轻轻碾碎花药,依次使用 100 目、200 目、300 目和 400 目筛子筛取花粉,并用 4% 的戊二醛固定液固定,后经 50%、60%、70% 乙醇梯度脱水,取出花粉置于临界点干燥仪(Autosamdri-815A)中干燥制样,并在离子镀膜仪上喷金 1~1.5 min,用场发射扫描电镜(SU8020)测量番茄花粉颗粒极轴长(P)和赤道轴长(E),测量 30 粒花粉,选取具有代表性的赤道面、极面、群体、个体及纹饰拍照。

2.1.5 花朵石蜡切片观测

采取解剖手段进行内部形态观测会破坏花药内部结构的完整性,无法观测到花粉颗粒在花药内的分布规律,采取石蜡切片方法将花朵组织经固定、石蜡包埋、切片及染色等步骤处理,此时花朵结构已经被固化,避免了内部组织变形和位移,可以直观体现花药内部真实形态。番茄花朵石蜡切片处理主要流程[136,137]如下。

① 取样和固定:采集花粉成熟(花瓣松动)和已盛开花朵(花瓣打开露出花药)两个状态花朵,将采集的花朵去除多余萼片和花瓣,立即放入 FAA 固定液(100% 乙醇∶甲醛∶乙酸=10∶2∶1 混合)中,花朵沉于液面后使用真空泵抽真空固定 30 min,去除花药内部空气,然后更换新 FAA 固定液固定浸渍过夜。

② 脱水:依次各级梯度脱水(分别为 50%、60%、70%、80%、90% 乙醇)1 h,95% 乙醇+0.5% 伊红浸渍过夜。次日用无水乙醇脱水 4 次,每次 1 h。

③ 透明:移除无水乙醇,再经二甲苯与无水乙醇溶液(分别为 25%、50%、75% 二甲苯)透明处理,各梯度处理 30 min,最后用纯二甲苯透明处理 2 次,每次 1 h。

④ 浸蜡和包埋:于 42℃ 恒温环境下向纯二甲苯溶液中不断加入石蜡,直至饱和;移除二甲苯和石蜡混合溶液,倒入熔融的纯石蜡,于 60℃ 环境中浸泡 4 h,重复 3 次;将浸蜡

完全的花朵倒入包埋盒中,并用 60℃预热后的解剖针调整花朵位置,完成包埋。

⑤ 切片、载片和展片:使用石蜡切片机(RM2126)对蜡块进行切片,切片厚度 8 μm,使用毛笔将蜡带托住进行连续切片,选取合适位置把切片置于载玻片上(载玻片涂有 0.1%多聚赖氨酸),将载玻片置于展片台上 42℃展片。

⑥ 脱蜡和染色:将载玻片置于纯二甲苯中浸泡 10 min,然后在二甲苯和乙醇混合液(1∶1)中浸泡 30 秒,然后在梯度酒精溶液(分别为 100%、95%、90%、80%、70%、60%、50%)中复水 3 min,之后在去离子水中浸泡 20 min,最后用 2%甲苯胺蓝溶液染色后脱水脱蜡。

⑦ 封片和观察:用中性树胶与二甲苯等体积混合的封片剂封片,晾干;在显微镜下观察及拍照。

2.1.6　花朵 Micro CT 扫描成像观测

由于解剖显微观测会破坏花朵内部结构和初始状态,而石蜡切片方法又无法得到花朵内部三维结构,番茄花朵内部三维高精度形貌参数无法通过上述方法获得,而花朵内部高精度三维数据是进行番茄振动授粉特性研究的一个重要前提条件。

Micro CT 由于超高的图像分辨率(最高可以达到亚微米级)和无损检测、成像速度快、可以三维重构等优点,在植物显微三维成像领域得到了广泛的应用[138,139]。因此,采取 Micro CT 对番茄花朵内部结构进行三维显微成像。

采摘花粉成熟期即将盛开的圣女玛利亚樱桃番茄花朵,去除萼片和花瓣,使用含有 1%磷钨酸的 FAA 固定液(70%乙醇)固定 3 天,然后置于临界点干燥仪(Autosamdri-815A)中干燥制样。将制备好的花朵样本固定于一个高精度 360°旋转的样品台上,使用 Micro CT(nanoVoxel 3000)对花朵样本分别进行横向和纵向扫描,如图 2-4a、图 2-4c、图 2-4d 所示。扫描电压 60.0 kV、电流 60.0 μA,曝光时间 0.12 s,扫描用时 1.5 h,分辨率为 4.76 μm,得到番茄花朵内部微米级三维数据,如图 2-4b 所示。

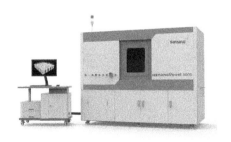

a. Mciro CT-nanoVoxel 3000

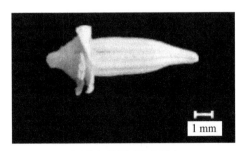

b. 圣女玛利亚花朵样本

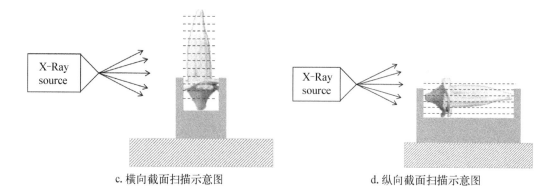

c.横向截面扫描示意图   d.纵向截面扫描示意图

图 2 - 4　Micro CT 和花朵样品

2.2　结果与分析

2.2.1　花朵宏观形态分析

（1）花序形态与垂角关系

通过对番茄花朵的持续性观测，三个品种番茄的花序形态参数如表 2 - 2 至表 2 - 4 所示。

表 2 - 2　合作 906 花序形态

序号	第一花序节位	第二花序节位	花序数量	花序形态第一花序/第二花序	花序花数第一花序/第二花序	平均垂角/(°)
1	8	10	5	单式/单式	5/6	21
2	6	8	5	单式/单式	5/5	16
3	7	9	5	单式/单式	5/5	9
4	7	9	6	单式/双歧	5/6	14
5	6	8	5	单式/单式	5/5	19
6	7	9	6	单式/单式	4/5	11
7	7	9	4	单式/单式	5/6	13
8	7	9	5	单式/单式	5/5	9
9	7	9	5	单式/单式	5/7	16
10	7	9	6	单式/双歧	5/8	22

表 2－3　粉冠 F1 花序形态

序号	第一花序节位	第二花序节位	花序数量	花序形态第一花序/第二花序	花序花数第一花序/第二花序	平均垂角/(°)
1	9	13	5	单式/双歧	5/8	11
2	8	12	5	单式/单式	5/7	20
3	8	12	4	单式/单式	4/6	14
4	8	12	5	单式/双歧	5/8	20
5	9	13	5	双歧/单式	6/5	18
6	8	12	5	单式/单式	5/7	23
7	9	13	5	单式/单式	5/6	14
8	8	12	4	单式/双歧	5/8	16
9	8	12	4	单式/单式	5/6	24
10	8	12	4	单式/单式	5/5	11

表 2－4　圣女玛利亚花序形态

序号	第一花序节位	第二花序节位	花序数量	花序形态第一花序/第二花序	花序花数第一花序/第二花序	平均垂角/(°)
1	11	14	6	双歧/双歧	8/10	18
2	12	15	6	单式/单式	5/6	19
3	13	16	4	双歧/单式	8/5	25
4	11	14	5	单式/单式	5/6	10
5	11	14	5	单式/双歧	5/7	17
6	12	15	4	单式/双歧	5/10	14
7	11	14	5	单式/双歧	5/9	15
8	12	15	6	单式/多歧	7/14	12
9	11	14	7	单式/单式	5/6	16
10	11	14	7	单式/双歧	6/8	11

　　合作 906 第一花序节位(植株主茎第一花序的叶片数,即第几节,如叶片数为 11,则

第一花序节位为第11节)6~8,第二花序节位8~10,花序间隔(第一花序节位和第二花序节位之间相隔的叶片数)为2,花序数量4~6,花序形态以单式花序(花朵生长于一个侧枝上)为主,有少部分为双歧花序(花朵分别生长于一个侧枝的两个二级侧枝上,呈Y形),单花序花数5~6朵,花朵垂角(花药中轴线与铅垂线之间夹角)主要集中在9°~22°范围内。

粉冠F1第一花序节位在8~9,第二花序节位12~13,花序间隔为4,花序数量4~5,花序形态以单式花序为主,辅以少量双歧花序,单花序花数4~8朵,花朵垂角范围为11°~24°。

圣女玛利亚第一花序节位在11~13,第二花序节位14~16,花序间隔4,花序数量4~7,花序形态单式花序和双歧花序混合,单花序花数5~14朵,花朵垂角范围为11°~25°。

对比分析三种番茄可以发现,合作906、粉冠F1和圣女玛丽亚的第一花序平均节位分别为6.9、8.3和11.5,第二花序平均节位分别为8.9、12.3和14.5,三个品种花序着生节位差距较大;花序间隔分别为2、4和3,不同品种番茄的花序间隔不尽相同,但是同种番茄植株的花序间隔均相同;平均花序数量分别为5.2、4.6和5.5,表明单棵番茄花序数量基本为5朵;三个品种番茄花序中单式花序、双歧花序和多歧花序之比分别为18:2:0、16:4:0和12:7:1,番茄以单式花序为主,同时存在双歧花序和多歧花序;单个花序平均花数分别为5.5、6和7,圣女玛利亚番茄花朵数量要多于其他两种普通番茄;三个品种番茄的花朵平均垂角分别为15°、17.2°和15.7°,这表明不同品种的番茄花朵均为朝向地面生长,这样的花朵空间姿态有利于花粉受振释放时从花粉囊运动至柱头上完成授粉。综上所述,不同品种番茄在花序数量、花朵垂角方面较为类似,在花序着生节位、花序间隔、花序类型、单花序花朵数量等方面存在一定差异,但差异并不显著,花序总体形态较为接近。各品种番茄花序形态如图2-5所示。

a. 合作906　　　　　　b. 粉冠F1　　　　　　c. 圣女玛利亚

图2-5　番茄花序形态

(2)不同发育阶段的花朵形态

通过持续观测发现:当第二侧枝生长出来时,番茄植株顶端已分化出8~9个叶原基,经过一段时间生长,叶原基肥厚而隆起形成第一节花序中第一个花芽,连续生长出多个花芽形成花序;在顶叶与首节花序之间,逐渐出现花序腋芽的新生长点,重新分化出1~3片叶片后,生长点再次分化出花芽,形成第二花序;同一花序中相邻的两个花芽分化间隔约2~3天,前一朵花萼片形成时,下一朵花的花芽开始分化;花序分化和花序中花芽分化交替进行,花序增多时花序上花芽也增多;花芽分化到开花约30天,因环境条件不同而略有波动;分化早、开花早的花不仅萼片、花瓣和花药大于晚开的花,而且花粉和子房数量也更多,同一花序中的花也遵循此规律。

根据提取的RGB图像和深度图像,结合李静等[43]番茄花朵发育状态分类方法,将番茄花朵发育分为如图2-6所示的9个阶段:第Ⅰ阶段,造孢细胞时期;第Ⅱ阶段,小孢子母细胞时期;第Ⅲ阶段,四分体时期;第Ⅳ阶段,小孢子时期;第Ⅴ阶段,初级花粉粒时期;第Ⅵ阶段,花粉成熟中期,此时萼片松动露出花瓣;第Ⅶ阶段,花粉成熟期,萼片与花瓣分离;第Ⅷ阶段,花朵盛开前一天,花瓣张开露出部分花药;第Ⅸ阶段,花朵盛开,花药完全露出。第Ⅰ至第Ⅴ阶段为花朵生长阶段,花朵在这个时期生长迅速,花朵尺寸逐渐变大,萼片将花瓣和花药紧紧包裹在里面;第Ⅵ阶段及以后为花朵成熟阶段,其内部花粉颗粒逐渐发育成熟,花瓣颜色逐渐由青色转为黄色,萼片和花瓣一步步盛开并露出其包裹的花药。

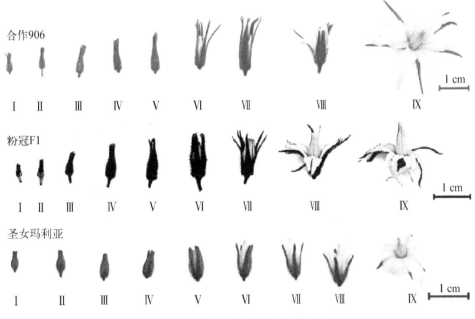

图 2-6　番茄花朵各生长阶段形貌

合作906和粉冠F1的花朵呈细长形,圣女玛利亚的花朵呈卵形。三个品种番茄的各发育阶段花朵长度如图2-7所示。花朵长度从长到短依次为合作906、粉冠F1、圣女

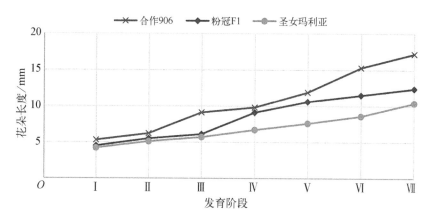

图 2-7 番茄花朵各阶段平均长度

玛利亚,在花粉成熟期(第 V 阶段)合作 906 花朵长度是圣女玛利亚的 1.6 倍。

合作 906 萼片长度长于花瓣长度,粉冠 F1 和圣女玛利亚的萼片和花瓣等长,花药被萼片和花瓣包裹,无法观测到花药形态。因此,采集花粉成熟后的花朵,去除萼片和花瓣,进一步测量花药形态。如图 2-8 所示,番茄花药总体呈酒瓶形,靠近花托的一侧呈圆柱形,占整个花药长度的 65% 左右,远离花托的柱头一侧逐渐收缩,占花药总长 35% 左右。三个品种番茄花药结构类似,均由 6 个花粉囊组成,柱头长度都小于花药长度,柱头不外露。合作 906 花药平均长度为 11.3 mm,粉冠 F1 花药平均长度为 10.6 mm,圣女玛利亚花药平均长度为 8.7 mm;合作 906 花药平均最大直径为 3.5 mm,粉冠 F1 花药平均最大直径为 3.6 mm,圣女玛利亚花药平均最大直径为 3.1 mm;合作 906 长径比为 3.2,粉冠 F1 长径比为 2.9,圣女玛利亚长径比为 2.8。

a. 合作906   b. 粉冠F1   c. 圣女玛利亚

图 2-8 番茄花药形态

2.2.2 花药微观形态分析

(1)花药显微结构特征

合作 906、粉冠 F1 和圣女玛利亚花药内部结构特征类似,典型结构如图 2-9 所示,花药内部由花粉囊、花柱、子房、花托、花柄等部分组成,萼片和花瓣生长于子房和花托的交界处。

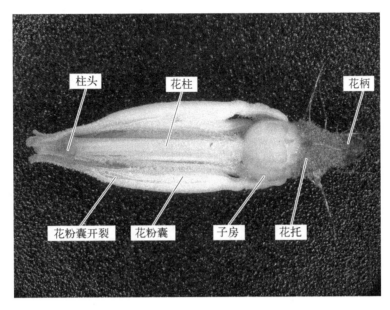

图 2-9　番茄花药内部结构图(合作 906)

花粉囊为雄蕊花药内产生花粉的囊状结构,即小孢子囊。番茄花粉囊的开裂方式为纵裂,即开裂沿着花药长度方向发生,开裂长度占整个花药长度的 70% 左右,最大裂口在花药直径变窄处。花粉囊的开裂发生于花药内部,从外部看不出花药结构的变化。花粉囊外表面较为光滑,内表面上长有很多透明的细长茸毛,茸毛长度约 0.1 mm。

番茄花柱长度小于花药长度,花柱整体包裹于花药内,呈圆柱形,花柱顶部的柱头直径略大于花柱其他部分直径,将花药顶部小孔堵塞。通过 2.2.1 节研究可知,番茄花朵垂角为 15° 左右,均为向下生长,加上近似封闭的花药结构和花粉囊内部纵裂的开裂方式,这些结构特征导致了外部花粉颗粒很难进入番茄花朵内,所以番茄绝大部分为自花授粉。

番茄振动授粉过程大致如下:花粉发育成熟后,受到组织结构、细胞的分化、植物激素、转录因子和环境等因素的调节,花粉囊在花药长度方向上纵裂;在昆虫、风力等因素产生的振动作用下,花粉颗粒从花粉囊裂口处释放;花粉颗粒在振动、重力、浮力、黏附力等多种竞争性耦合作用下在花药内部不断碰撞、运动和黏附;部分花粉颗粒被柱头黏附后,经过水合和萌发,生长出花粉管,将花粉转移到子房中的胚囊完成授粉。

(2) 花粉囊开裂与花瓣张开角关系

花粉囊适时开裂,花粉才能在成熟后适时释放进行授粉,从而保证传粉与受精过程的顺利进行,所以花粉囊开裂是花药发育后期的一个重要特征。

花粉囊开裂发生在四分体之后,主要涉及三个特殊的组织:药室内壁、药隔和裂口。由于番茄花粉囊为内部纵裂,无法从外部直接观测到花粉囊是否已经开裂。而花粉囊开裂是无人机授粉的基本条件,必须掌握花粉囊开裂规律,从而为作业时机提供决策依据,因此需要对花药进行研究,观测分析其内部花粉囊开裂规律。

如图 2-10 所示,通过石蜡切片观测发现,成熟番茄花朵的具有如下特征:花粉囊内部隔膜解体,二室相互沟通形成一室,室内充满花粉颗粒。花药壁结构出现纤维层,表皮萎缩,中间层和绒毡层消失。花粉颗粒形态清晰可分辨。

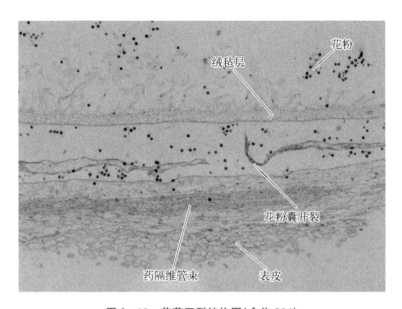

图 2-10　花药开裂结构图(合作 906)

当花瓣与花药分离时表明番茄花粉发育成熟,这表明花瓣张开角(花瓣张开后,两侧花瓣之间形成的夹角)和花朵、花粉发育状态存在内在联系。分别采摘不同花瓣张开角的番茄花朵,去除萼片和花瓣,然后使用解剖刀沿花粉囊交接处将花药纵向切开,使用镊子和解剖针小心剥开花药,取出花柱。将花粉囊、花柱分别置于三维超景深显微镜下,观测花朵内部微观形态特征,探究花瓣张开角与花粉囊开裂之间关系。

分别采摘花瓣张开角 19°、32°、40°、49°、83°、90°、147° 和 180° 的合作 906 番茄花朵进行观测,如图 2-11 所示。

如图 2-11a 所示,花瓣开张角为 19° 时,花药内部结构完整,花粉囊无开裂现象,花药长度为 12.5 mm,花粉囊占整个花药长 69%,说明花药粗的部分主要由花粉囊组成。如图 2-11b 所示,花瓣张开角为 32° 时,花粉囊已经发生开裂,花药长度为 11.6 mm,花粉囊在长度方向

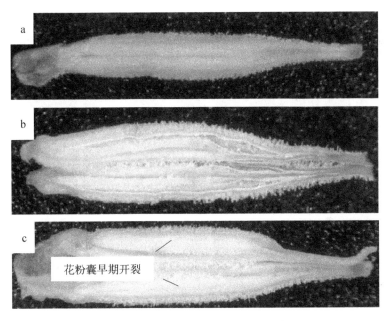

花粉囊早期开裂

图 2-11　合作 906 花粉囊显微图像

上从头到尾开有细长形裂口,开裂长度为 7.3 mm、最大开裂处的宽度为 0.5 mm,最大开裂处发生在靠近柱头的一侧。花朵花瓣张开角为 40°时,花粉囊未发生明显的开裂,但是在花粉囊上可以观测到纤维层收缩现象(图 2-11c 中箭头所指示位置),随着花粉囊间的隔膜溶解,唇细胞应力集中从而导致花药开裂。当花瓣张开角大于 49°时,花粉囊发生了开裂,开裂长度几乎与花粉囊长度相等,最大开裂处发生在花药直径变窄处,这可能是由于此处结构发生了突变,此处应力较其他位置要更大,因此开裂宽度是其他位置的 2～3 倍。

　　同时采摘花瓣张开角 34°、45°、53°、82°的粉冠 F1 和花瓣张开角 32°、41°、56°、74°的圣女玛利亚进行解剖观测。如图 2-12 所示,从左至右,当粉冠 F1 花瓣张开角为 34°时,纤维层已出现明显的缩水和开裂迹象,花粉囊即将开裂;当花瓣张开角为 45°时,花粉囊正在开裂,初始裂纹出现在花药直径变窄处;当花瓣角达到 53°时,花药直径变窄处已出现裂口,但是其他位置仍然闭合,还未开裂完全;当花瓣张开角达到 82°时,花粉囊已完全开裂。在圣女玛利亚番茄中,花粉囊开裂情况与花瓣张开角之间也存在着类似的情况,当花瓣张开角小于 41°时花粉囊未开裂,大于 56°时花粉囊已开裂。

　　综上所述,番茄花粉囊开裂时机与花瓣张开角度之间存在较强的关联性。一般而言,当花瓣张开角为 30°～40°时,内部花粉囊的纤维层出现缩水和开裂迹象;当花瓣张开角达到 40°～50°时,花粉囊开始开裂,初始开裂位置为花药直径突变处;当花瓣张开角大于 50°时,花粉囊内部已完全开裂,开裂形式为纵裂,最大裂口为初始开裂位置,这是因为此处花药结构突变,应力集中所导致。

图 2 - 12　粉冠 F1 花粉囊开裂过程

（3）不同品种花柱形态分析

花柱是柱头和子房的连接部分，也是花粉管进入子房的通道。花柱的内部结构简单，通常由表皮包裹的薄壁组织构成。番茄的花柱为实心柱状结构，中间没有花柱道，由引导组织充满。引导组织细胞呈长形，壁薄，细胞内含丰富的细胞器，细胞间逐渐形成大的胞间隙，并在胞间隙中充满基质（主要为碳水化合物）。

观测分析三个品种不同花瓣张开角番茄花朵的花柱形态特征。如图 2 - 13 所示，番

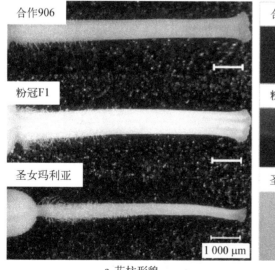

a. 花柱形貌

b. 柱头形貌

图 2 - 13　柱头形态对比图

茄花柱总体呈圆柱形,分为三个部分:靠近子房部分长有茸毛,长度约占整个花柱的40%;花柱中间部分表面光滑,长度较长,约占花柱长度的55%;花柱顶部为单圆形柱头,略粗于花柱其他部分,柱头长约 0.4 mm,占整个花柱长 5% 左右。

三个品种番茄花柱具体参数见表 2-5。

表 2-5　三个品种番茄花柱形态参数(平均值)　　　　　　(单位:mm)

序号	品种	花柱长	光杆长	柱头长	茸毛部分长	花柱粗	柱头粗
1	合作 906	9.6	5.0	0.5	3.2	0.7	0.9
2	粉冠 F1	8.4	4.4	0.4	3.6	0.5	0.7
3	圣女玛利亚	7.3	4.1	0.4	3.0	0.4	0.5

圣女玛利亚花柱长度平均值为 7.3 mm,略小于合作 906 的 9.6 mm 和粉冠 F1 的8.4 mm。圣女玛利亚和粉冠 F1 的花柱较细,平均直径只有 0.4 mm,合作 906 花柱的平均直径约 0.5 mm。合作 906 长径比为 19.2,粉冠 F1 长径比为 21,圣女玛利亚花柱长径比为 18.25。与花药形态类似,合作 906 和粉冠 F1 花柱更加细长,而圣女玛利亚花柱更为粗壮。

2.2.3　花粉微观形态及分布特性

(1) 花粉颗粒形态特征

扫描电镜观察表明,合作 906 花粉极轴长(P)18.64 μm、赤道轴长(E)19.60 μm,极赤比(P/E)为 0.95;粉冠 F1 花粉极轴长(P)17.96 μm、赤道轴长(E)19.82 μm,极赤比(P/E)为0.91;圣女玛利亚花粉极轴长(P)18.52 μm、赤道轴长(E)19.88 μm,极赤比(P/E)为0.93。番茄花粉极轴长范围 15.33~22.59 μm,最长的为合作 906,最短的为粉冠 F1,平均为 18.65 μm。赤道轴长范围 16.64~24.16 μm,最长与最短的均为圣女玛利亚,平均为 19.56 μm。三个品种番茄的极赤比均接近 1,表明花粉呈圆球形。

如图 2-14 所示,番茄花粉在极轴面长有三道裂纹,在赤道面为圆形。三裂圆形的极面具三条萌发沟,萌发孔位于沟的中央,属于 NPC 分类系统中的 N3P4C5 类型(N3 萌发孔数目为 3,P4 位置为环状排列,C5 特征为孔沟型),内孔横长,赤道中部沟较宽,两端渐尖,沟区具颗粒。此孔沟类型为被子植物所特有,三孔沟类型花粉是属于被子植物花粉进化阶段中较进化的第二亚阶段[54]。

三个品种番茄花粉表面均为细疣颗粒状纹饰,花粉表面具有不规则块状突起,花粉

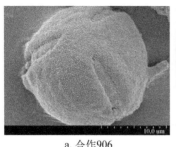  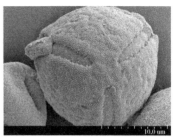

a. 合作906   b. 粉冠F1   c. 圣女玛利亚

图 2-14　花粉扫描电镜图

表面比较平滑,有颗粒状雕纹,颗粒分布均匀。在长期的栽培驯化过程中,番茄花粉表面逐渐由粗糙变得平滑。

三个栽培品种的番茄花粉赤道轴长、极轴长、极赤比、表面纹饰以及表面结构均高度相似,从花粉形态学角度无法区分出花粉的品种。

扫描电镜观测到的花粉颗粒多数为极轴面向上,赤道轴面较少向上。这是因为番茄花粉极赤比均小于1,花粉偏扁,极轴向上结构更稳定,进而导致了赤道轴长较容易测量,而极轴长测量较为困难,观测到的极轴长数据少于赤道轴长数据。

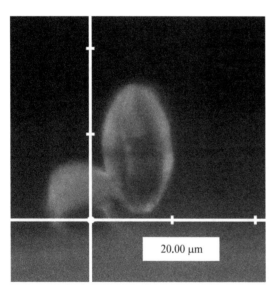

图 2-15　花粉吸水膨胀(合作 906)

如图 2-15 所示,使用显微镜观测被柱头黏附的花粉,发现花粉在柱头上吸水萌发,此时花粉极轴长约 30 μm,赤道轴长约 18 μm,极赤比约为 1.66,形态从球形变为椭球形。

此外,马德伟等[140]研究发现,番茄花粉干燥后极赤比为 1.7,也呈现椭球形。这说明,番茄花粉形态受水分影响较大,正常新鲜花粉呈球形,吸水膨胀和脱水烘干后的花粉均呈椭球形。

(2) 花粉颗粒分布规律

通过对番茄花朵进行解剖可以发现,当花粉囊未开裂时,未在花粉囊外部发现花粉颗粒,这说明花粉囊开裂是花粉释放的唯一途径。当花粉囊开裂后,在花粉囊外侧、花柱光杆部分、花柱茸毛部分以及柱头上均可观测到花粉颗粒的存在。

如图 2-16a 所示,由于柱头与花药顶部小孔尺寸较为接近,花粉难以通过柱头侧壁运动到柱头上表面,因此柱头上表面黏附的花粉数量显著少于柱头下表面和侧面(图 2-16b)。因为花朵向下生长,在重力和外界激振力的共同作用下,花粉颗粒往柱头与花粉囊交界处移动,由于柱头尺寸略大于花柱,因此大量花粉在此处堆积(图 2-16c)。

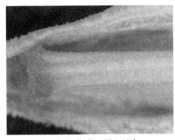
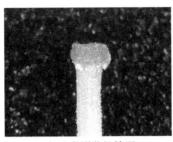
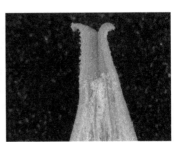

a. 柱头和花药顶部形态　　　　b. 柱头黏附花粉情况　　　　c. 花药内花粉黏附情况

图 2-16　花粉颗粒分布图(合作 906)

解剖操作无论如何细致,操作本身势必会导致花粉囊解剖的破坏和变形,从而影响花粉颗粒的分布规律,尤其是当花粉囊未开裂时,花粉颗粒在花粉囊中的分布更难以观测。因此,结合石蜡切片技术,将花粉囊未开裂花朵和已开裂并完成授粉的花粉分别制成石蜡样本,然后通过切片的方法观测花粉颗粒的分布规律。

分别摘取三个品种番茄花粉成熟期(第Ⅶ阶段)和花朵盛开期(第Ⅸ阶段)的花朵,制备石蜡切片。花粉成熟期花朵选取花瓣张开角小于 30°的花朵,根据 2.2.2 研究可知,此时花朵内部花粉囊还未开裂。花朵盛开期选取花瓣张开角为 180°的花朵,此时花粉囊已经开裂,用手指轻弹花朵,促进花朵完成授粉。

取花朵蜡块纵向中间位置切片进行显微观测,分别研究花粉囊未开裂时其内部花粉初始状态和授粉后花粉在花药内的分布状态,花朵蜡块和切片如图 2-17 所示。

如图 2-18a 所示,花粉未成熟时,花粉囊并非是个贯通的空腔,其内部沿长度方向长有药隔,药隔将花粉囊分隔为多个不连通的腔体。当花粉囊未开裂时,花粉颗粒在花粉囊内部呈均匀分布状态,花粉颗粒之间未观测到明显的团聚现象。

如图 2-18b 所示,当花粉囊开裂后,少部分花粉颗粒通过药隔、药室内壁和花粉囊外部裂口等通道从花粉囊内部释放,进入花柱与花粉囊组成的腔体内,大部分花粉颗粒仍然停留在花粉囊中。而从花粉囊中释放的花粉颗粒,其中约 80％被花药内壁和花柱下部黏附,15％左右的花粉颗粒被柱头下表面和侧面黏附,仅 5％的花粉颗粒通过柱头与花粉囊之间的间隙,被柱头上表面黏附,这一部分花粉才有授粉的可能。

单个番茄花朵的花粉量为 4 500～5 500 粒,根据图 2-18c 可知,柱头黏附花粉数量为 50 粒左右,这一数值与解剖观测结论相一致。

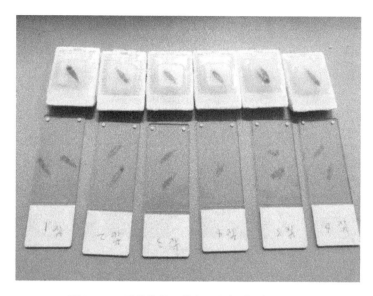

图 2-17 番茄花朵石蜡包埋和切片（合作 906）

　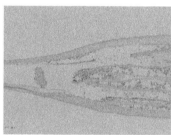　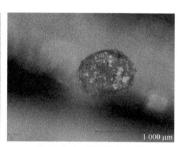

a. 花粉囊未开裂　　　　　b. 花粉囊开裂　　　　c. 柱头上表面黏附花粉情况

图 2-18 花粉囊内花粉分布图（合作 906）

2.2.4 花朵内部 Micro CT 影像研究

Micro CT 扫描最高精度可达 4.76 μm，分别得到番茄花药长度方向的横向截面影像 2 091 张和宽度方向的纵向截面影像 801 张。然后，利用数量较多的横向截面二维灰度影像重构得到花药三维数据。

（1）花朵组织横向截面影像

根据 Micro CT 影像分析花柄、花托、子房、花药等各个区域内的微观结构特性。Micro CT 扫描从花朵底部花柄开始，沿花朵长度方向向上扫描，直至顶部花药尖端。整体扫描高度范围为 0.002～9.951 mm，高度方向间隔 0.005 mm。

花柄和花托组织的扫描高度范围为 0.002～1.169 mm。花柄为茎端分生组织，连接花朵和茎秆，如图 2-19 所示。

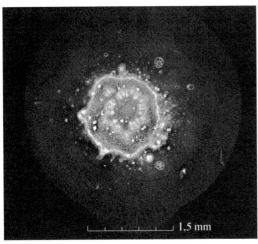

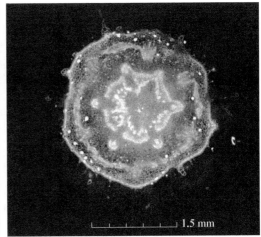

a. 花柄Micro CT影像　　　　　　　　　b. 花托Micro CT影像

图 2 - 19　花柄和花托(圣女玛利亚)

通过 2 - 19a 可以发现,番茄花柄直径约 1.0 mm,呈圆形,表面有凸起,由外而内依次为周皮、韧皮部、维管形成层、木质部和髓。形成层细胞分裂方式为垂周分裂,经形成层细胞的分裂,可以不断产生新的木质部与韧皮部(次生木质部和次生韧皮部),使花柄加粗。

如图 2 - 19b 所示,花托为花柄顶端的膨大部分,呈圆顶状,直径约 2.0 mm,为薄壁组织,维管束放射状排列。

子房组织高约 1.5 mm,扫描高度范围为 1.173~2.673 mm,Micro CT 影像如图 2 - 20 所示。

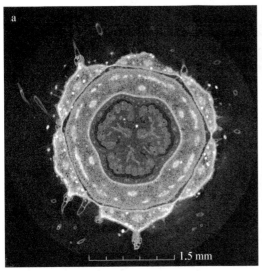

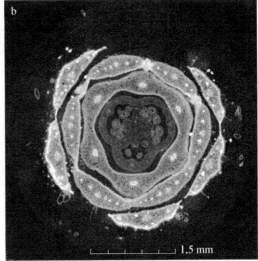

图 2 - 20　子房组织(圣女玛利亚)

如图 2-20a(1.968 mm)所示,子房位于花托上方,呈圆形,直径约 1.3 mm。最外侧为萼片,最大处直径 2.9 mm,萼片数量为 6 片。花瓣和花药的根部位于萼片和子房中间,呈环形,直径约 2.4 mm,厚度约 0.4 mm。花瓣和花药紧密贴合,从形态上较难区分,但通过 Micro CT 影像可以清晰观测到该区域有两圈点状高亮度条带。

如图 2-20b(2.368 mm)所示,随着扫描高度的增加,花药根部与花瓣根部会完全分离,花药根部位于内侧,花瓣根部位于外侧。

通过图 2-20 还可以发现,番茄有三个子房室,每个子房室内有多个胚珠,胎座位于子房中心,属于中轴胎座。

在花药根部维管束位置观测到 6 个点状高密度影,直径约 0.15 mm,呈环形分布。这是因为花朵经过 1‰磷钨酸 FAA 固定液浸泡,维管束中的导管和筛管对溶液的吸收和容纳能力较强,当花朵经过超临界干燥后磷钨酸盐在维管束中沉积,而磷钨酸盐对 X 射线的吸收能力较强,在维管束位置出现高亮显示。因此,可以通过规律性环形点状高亮度条带进行花药和花瓣组织的区分。

结合图 2-9 可知,花药分为三个部分,花药底部靠近花托部分呈镂空结构,中间为圆柱形,顶部为收缩的圆锥形,花药三部分结构如图 2-21 所示。

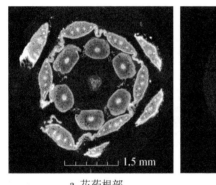 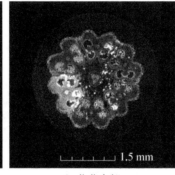 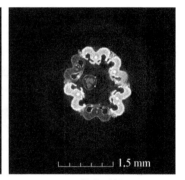

a. 花药根部　　　　　　　　b. 花药中部　　　　　　　　c. 花药顶部

图 2-21　花药三部分 Micro CT 影像(圣女玛利亚)

如图 2-21a 所示,花药内部为六个围绕着花柱呈圆周对称的花粉囊,单个花粉囊呈蝴蝶形,左右两侧对称,单侧各有圆形两个药室,药室之间有一个药隔。花粉颗粒蛋白质含量较高,在 Micro CT 影像中为高亮显示。

如图 2-21b 所示,左下角呈高亮显示,可以发现该位置花粉囊出现开裂,裂口位于相邻两个花粉囊相互接触的壁面上。开裂的花粉囊呈高亮显示,这是因为磷钨酸盐溶液从裂口浸入花粉囊内部并沉积,从而导致 Micro CT 影像呈高亮特征。开裂的花粉囊其内部花粉颗粒明显少于其余几个花粉囊。

如图 2-21c 所示,花药顶部有 4 个花粉囊出现高亮,且花粉囊裂口朝向花柱,花粉囊内基本上无花粉。经 Micro CT 扫描测量,花柱直径约 0.4 mm,柱头直径约 0.5 mm,与圣女玛利亚的宏观观测结果相吻合。

（2）花朵组织纵向截面影像

通过前文研究可知,番茄花朵是以花柱为中心的圆周对称结构,长径比约为 3。横向截面只能看到局部图像,无法提供全局信息。因此有必要对番茄纵向截面进行扫描成像。

如图 2-22 所示,将介于花柱和花药边缘中间的纵向截面定义为 1/4 扫描位置,将通过花柱的纵向截面定义为 1/2 扫描位置。

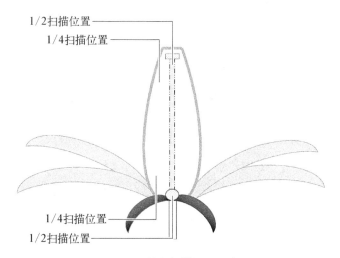

图 2-22　纵向扫描位置示意图

如图 2-23 所示,1/4 扫描位置时,通过纵向截面 Micro CT 影像可以观测到 4 个上下贯通的花粉囊,花粉颗粒主要集中于中下部,花粉囊上部显示高亮度影像。同时还可以观测到花瓣、萼片残端和子房。花粉囊内部的药隔部分发生解体,解体位置位于上部。花粉囊上部呈高亮,这是由于花粉囊上部更早发生开裂,且上部的裂口尺寸也大于下部,花粉囊上部区域沉积的磷钨酸盐更多所导致的。花粉颗粒集中在中下部是因为该花朵已经完成授粉,上部花粉颗粒大多通过裂口释放出去。

如图 2-24a 所示,1/2 扫描位置处于花药正中间,此时 Micro CT 影像可观测到的花药结构最完整,观测范围最大。经测量,花药长 8.5 mm(不包括花柄和花托),花药最大直径约 2.8 mm,长径比约 3.0。花柱顶部呈高亮显示,柱头上黏附有大量花粉颗粒。如图 2-24b 所示,花柱中心可观测到一条直达子房的花粉管通道,花药已开裂的花粉囊内部以及花粉囊内表面均出现较多点状高密度影,这可能是花粉颗粒团导致的。

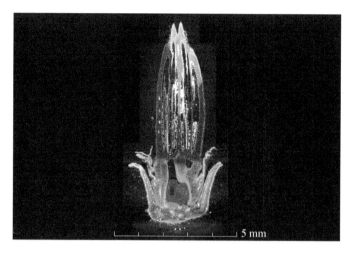

图 2 - 23　1/4 扫描位置(圣女玛利亚)

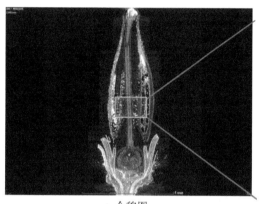

a. 全貌图

b. 局部放大图

图 2 - 24　1/2 扫描位置(圣女玛利亚)

（3）番茄花朵三维重构

三维重构得到的花朵三维图如图 2 - 25 所示。

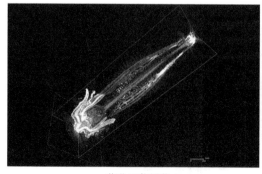

a. 花朵三维图像

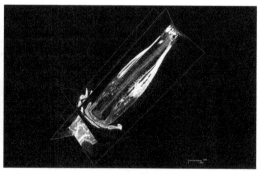

b. 花朵三维剖视图

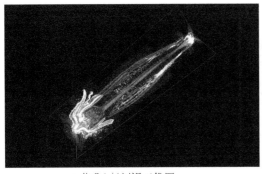

c. 花朵1/4剖视三维图　　　　　　　　　d. 花朵1/4剖视三维图+横截面三维图

图 2 - 25　番茄花朵三维重构图(圣女玛利亚)

　　3D Slicer 是一个用于医学图像分析和可视化的开源软件平台,不仅可以进行多模态图像的标注和交互式分割,还可以进行三维重构和可视化。作为一款具有丰富扩展能力的跨平台(Linux、MacOS、Windows)软件,3D Slicer 已经被大量应用到 CT、MRI、US 等图像的处理中。将 Micro CT 扫描得到的横向截面 DICOM(Digital Imaging and Communications in Medicine)格式文件导入 3D Slicer 4.1.11 软件中,进行三维重构。

2.3　总结和讨论

　　三个品种的栽培番茄在花序形态上较为一致,在花序数量、单花序花朵数量、花序类型、花朵垂角等方面差异较小,仅在花序着生节位和花序间隔方面存在一定差异。

　　花药内部均由花粉囊、花柱、子房、花托、花柄等部分组成,萼片和花瓣生长于子房和花托的交界处。番茄的长径比为 3 左右,呈酒瓶形状;靠近花托的一侧呈圆柱形,占整个花药长度的 65% 左右;远离花托的柱头一侧逐渐收缩,占花药总长的 35% 左右。花药由 6 个花粉囊组成,柱头长度都小于花药长度,柱头不外漏。在花药长度方面,合作 906 花药平均长度为 11.3 mm,粉冠 F1 花药平均长度为 10.6 mm,圣女玛利亚花药平均长度为 8.7 mm。

　　花柱呈圆柱形,分为三个部分:靠近子房部分长有茸毛,长度约占整个花柱的 40%;花柱中间部分表面光滑,长度较长,约占花柱长度的 55%;花柱顶部为单圆形柱头,略粗于花柱其他部分,柱头长约 0.4 mm,占整个花柱长度的 5% 左右。

　　番茄花粉极赤比接近 1,呈圆球形。花粉极轴面上有三道裂纹,在赤道面为圆形。三裂圆形的极面具三条萌发沟,萌发孔位于沟的中央,属于 NPC 分类系统中的 N3P4C5 类型(N3 萌发孔数目为 3,P4 位置为环状排列,C5 特征为孔沟型),内孔横长,赤道中部沟较宽,两端渐尖,沟区具颗粒。

花粉囊开裂时机与花瓣张开角度之间存在较强的关联性。一般而言,当花瓣张开角为 $30°\sim40°$ 时,内部花粉囊的纤维层出现缩水和开裂迹象;当花瓣张开角达到 $40°\sim50°$ 时,花粉囊开始开裂,初始开裂位置为花药直径突变处;当花瓣张开角大于 $50°$ 时,花粉囊内部已完全开裂,开裂形式为纵裂,最大裂口为初始开裂位置,这是因为此处花药结构突变,应力集中导致。花粉囊未开裂时,花粉颗粒在花粉囊内部呈均匀分布状态,花粉颗粒之间未观测到明显的团聚现象。

综合上所述,三个品种栽培番茄在花序形态、花药形态、花药内部结构、花柱结构、花粉颗粒形态、花粉囊开裂特征和花粉分布等方面非常相似。究其原因,主要是因为所研究的番茄均属于栽培番茄,其亲缘关系十分接近。番茄的育种历史主要包括驯化、改良、分化和渐渗四个主要阶段,野生的醋栗番茄经过人类的驯化形成了樱桃番茄,而樱桃番茄经过后期改良形成普通番茄。栽培番茄中有 18 719 个表达基因,野生番茄中有 18 609 个表达基因,栽培番茄和野生番茄共表达的基因有 17 202 个,分别占栽培番茄的 91% 和野生番茄的 92%[141]。栽培番茄和野生番茄中的大部分基因是共表达的[142]。由于人工驯化通常具备一致的目的性(例如会选取产量高、口感好、环境适应性好的品种),栽培番茄在驯化过程中出现了明显的遗传瓶颈,生物多样性急剧减少[143],栽培番茄品种之间相似度会更高,从而在花朵宏微观结构上展现了高度的相似性。对于本研究而言,由此带来的有利之处为:不必对所有栽培番茄开展研究,选取一种种植较为广泛的栽培番茄即可,这样不仅极大地减少了研究强度,而且提高了研究成果的适用范围。

通过上述研究还发现,由于番茄独特的花药结构和花粉囊开裂方式,决定了番茄主要依靠自花授粉,而且授粉必须有外界振动参与,否则花粉颗粒很难从花粉囊中释放并被柱头黏附。在自然界中,最为常见的振动包括蜜蜂访花时产生的蜂鸣振动,以及风力与花朵之间产生的风致振动。当存在外界振动时,花粉颗粒在振动作用下通过药隔、药室内壁和花粉囊外部裂口等通道从花粉囊内部释放,进入花柱与花粉囊组成的腔体内。被释放的花粉颗粒中约 80% 被花药内壁和花柱下部黏附,15% 左右的花粉颗粒被柱头下表面和侧面黏附,仅 5% 的花粉颗粒通过柱头与花粉囊之间的间隙,被柱头上表面黏附,这一部分花粉经过水合、萌发,由花粉管输送至子房中,从而完成授粉。

本章研究探明了栽培番茄花朵宏微观特征,并发现不同栽培番茄品种具有高度相似的花朵宏微观结构。栽培番茄必须依赖外界振动(蜜蜂、风力或振动授粉器等)的帮助方可进行授粉,振动和花朵宏微观结构共同决定了栽培番茄振动授粉规律。由于番茄花药结构封闭,花药内部空间极为狭小,无法对花朵内部微米尺度花粉颗粒群受振运动进行跟踪和观测。

　　目前,番茄授粉研究主要集中于授粉结果的分析(例如坐果率、畸果率、单果品质和产量等),未对番茄振动授粉过程开展研究。为此,本书将在本章栽培番茄宏微观结构特性的研究基础上,进一步开展研究,分析振动参数与番茄授粉的作用关系,揭示番茄风致振动授粉机理。

2.4　本章小结

　　本章的研究内容和结论如下:

　　① 番茄花朵封闭的花药结构和花粉囊内部纵裂的开裂形式共同决定了番茄花朵具备振动授粉的可能。

　　② 普通番茄和樱桃番茄在花序形态、花朵宏观形态、花药结构、花粉形态和花粉囊开裂特性等方面具有高度相似性,因此单个栽培品种相关研究即具有很强的代表性。

　　③ 使用含 1% 磷钨酸的 FAA 固定液(70% 乙醇)对番茄花朵进行前处理,结合 Micro CT 技术对番茄花朵进行高分辨率显微成像具有操作简单、成像精度高、三维可视化等优点,在植物微观结构研究领域具有非常广阔的前景。

第 3 章

微米尺度花粉颗粒接触特性研究

根据第 2 章研究可知,番茄花粉颗粒直径约 20 μm。对于微米尺度颗粒而言,其受到的范德华力通常是重力的三个量级以上[144]。番茄花粉颗粒在授粉过程中会表现出比常规农业颗粒物料更为复杂的黏附接触特性。花粉颗粒运动和黏附是番茄花朵授粉的直观体现,黏附接触特性是花粉颗粒运动黏附的主要影响因素。因此,需要对花粉颗粒之间、花粉-花粉囊、花粉-花柱以及花粉-柱头等多种接触黏附情况进行测量和分析。但番茄花粉颗粒十分微小,黏附接触过程中的作用力在纳牛顿量级。与此同时,番茄花朵是具有生物活性的脆弱材料,力学非线性特征强。常规力学测量方法难以对花粉颗粒的黏附接触特性进行精确测量。

原子力显微镜(atomic force microscope, AFM)因其具有皮牛顿级的力侦测手段和纳米级别的位移捕捉能力,广泛应用于微观生物力学领域[145,146]。本章主要研究花粉颗粒接触理论和花粉颗粒 AFM 探针修饰方法,基于 AFM 方法测量花粉颗粒接触过程中的黏附作用力,解析计算花粉颗粒黏附接触特性,并为后续番茄花朵授粉离散元仿真提供接触参数。

3.1 理论分析

3.1.1 花粉颗粒接触碰撞分析

番茄花朵授粉主要通过花药的振动使花粉颗粒不断碰撞运动而进行。黏附性接触描述的是静态和准静态下的物理作用,也是动态接触问题的基础。由于范德华和液桥力的存在,在碰撞过程中引入了新的能量耗散机制,花粉颗粒的接触碰撞动力学远复杂于水稻、小麦等弹性籽粒的接触碰撞。

为降低研究难度,将花粉颗粒接触碰撞分两个阶段:首先,忽略黏附力的作用,将花粉颗粒的碰撞简化为弹性接触,分析接触和变形之间的函数关系;然后,将范德华力、液桥力和静电力等作用力全部归纳为黏附力,并将黏附力作为附加力引入接触-变形公式,讨论黏附力作用下花粉颗粒的接触碰撞特性。

（1）弹性接触分析

花粉颗粒在花药内的接触可分为两种情况：一种为花粉颗粒之间的球形接触碰撞;另一种为颗粒与花粉囊、花柱的接触碰撞,由于花粉颗粒只有微米尺度,而花粉囊和花柱为毫米尺度,因此可以简化为球形颗粒与平面的接触碰撞。

如图 3-1 所示,假设两个半径分别为 R_1 和 R_2 的花粉颗粒进行接触碰撞,它们的杨氏模量和泊松比分别为 E_1、E_2 和 ν_1、ν_1,颗粒间法向作用力为 F_n,切向作用力为 F_t。两个颗粒之间的法向重叠量为 δ_n、切向重叠量为 δ_t。

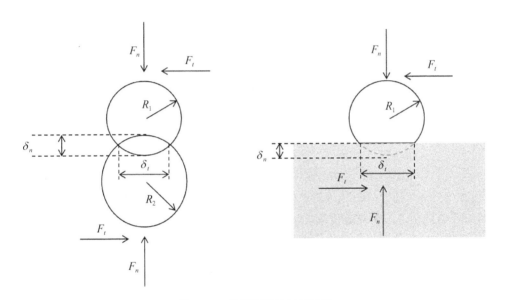

图 3-1　花粉颗粒接触示意图

不考虑颗粒之间黏附力作用时,将花粉颗粒等效为弹性光滑球形物体,根据 Hertz 弹性模型理论[147],法向作用力 F_n 和法向重叠量 δ_n 之间服从下式。

$$F_n = \frac{4}{3} E_E R_E^{\frac{1}{2}} \delta_n^{\frac{3}{2}} \tag{3-1}$$

式中：R_E——接触区域的当量曲率半径,m,$R_E = \dfrac{R_1 R_2}{R_1 + R_2}$;

　　　E_E——当量弹性模量,N/m²,$\dfrac{1}{E_E} = \dfrac{1-\nu_1^2}{E_1} + \dfrac{1-\nu_2^2}{E_2}$。

根据 Middlin-Deresiewicz 接触理论[148,149],法向力和切向力都具有阻尼分量,且与阻尼系数和恢复系数有关。

花粉颗粒接触碰撞时法向阻尼力 F_n^d 的表达式见下式。

$$F_n^d = -2\sqrt{\frac{5}{6}} \frac{\ln e}{\sqrt{\ln^2 e + \pi^2}} \sqrt{S_n m_E} V_n^{\rm rel} \qquad (3-2)$$

式中：e—恢复系数；

S_n—法向刚度，N/m，$S_n = 2E_E \sqrt{R_E \delta_n}$；

m_E—当量质量，kg，$m_E = \left\{\dfrac{1}{m_1} + \dfrac{1}{m_2}\right\}^{-1}$；

$V_n^{\rm rel}$—颗粒之间相对速度的法向分量，m/s。

切向力 F_t 的表达式见下式。

$$F_t = -S_t \delta_t \qquad (3-3)$$

式中：S_t—切向刚度，N/m，$S_t = 8G_E \sqrt{R_E \delta_n}$，$G_E$—当量剪切模量，Pa。

切向阻尼力 F_t^d 受到库仑摩擦力 $\mu_s F_n$ 的限制，其中 μ_s 为静摩擦系数。F_t^d 表达式如下式所示。

$$F_t^d = -2\sqrt{\frac{5}{6}} \frac{\ln e}{\sqrt{\ln^2 e + \pi^2}} \sqrt{S_t m_E} V_t^{\rm rel} \qquad (3-4)$$

式中：$V_t^{\rm rel}$—颗粒之间相对速度的切向分量，m/s。

由于实际碰撞时，花粉颗粒之间可能存在滚动摩擦，可以在接触面上施加一个滚动力矩 $M_{\rm roll}$ 来实现。

$$M_{\rm roll} = -\mu_{\rm roll} F_n L_{\rm roll} \omega_{\rm roll} \qquad (3-5)$$

式中：$\mu_{\rm roll}$—滚动摩擦系数；

$L_{\rm roll}$—接触点到花粉中心的距离，m；

$\omega_{\rm roll}$—滚动角速度，rad/s。

将花粉囊和花柱等效为无限半空间，上述各式也同样适用。

（2）黏弹性接触分析

番茄花粉颗粒直径仅有 20 μm，范德华力在番茄授粉过程中起着十分重要的作用。同时，柱头会分泌黏液，花粉表面有花粉鞘，花粉颗粒还会受到液桥力的作用。因此，必须考虑黏附力对番茄花粉颗粒接触碰撞的影响。

目前，关于黏附接触模型主要有四种：Bradley 模型[150]、JKR 模型[151]、DMT 模型[152]和 MD 模型[153]。Bradley 模型基于 Lennard-Jones 公式推导,仅适用于刚性颗粒之间的接触碰撞,且要求两个颗粒之间的间隙远小于颗粒半径。JKR 模型在 Hertz 理论基础上,利用范德华力线性叠加假设,结合 Boussinesq 解和最小能原理推导而出。JKR 模型认为黏附力主要存在于接触区,接触区之外的黏附力相对较小。DMT 模型与 JKR 模型完全相反,认为黏附力只存在于接触区之外,并假设其不引起颗粒的表面变形。由于 DMT 模型忽略了接触区内的黏附力,因此只有适用于颗粒之间接触区很小,且颗粒之间黏附力作用距离远大于颗粒变形的情况。JKR 模型和 DMT 模型相互冲突,两者结论完全相反。MD 模型指出了 JKR 模型和 DMT 模型的适用范围,同时也阐述了黏附力在颗粒接触碰撞过程中的复杂作用。

发育成熟的番茄花粉结构如图 3 - 2 所示,最外层为花粉鞘,内部为营养细胞质、营养细胞核和生殖细胞。花粉鞘具有赋予花粉黏性、调控花粉与雌蕊识别反应、防止水分蒸发及抵御紫外线的损伤等作用。花粉颗粒质地较软,且会受到液桥力的作用,液桥力必须接触才会产生。

因此,由于番茄花粉颗粒尺寸和质地特性,Bradley 模型和 DMT 模型均不适用于解析番茄花粉颗粒接触碰撞。

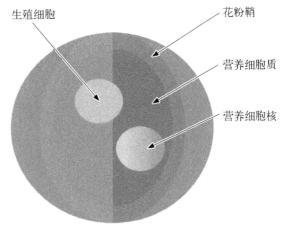

图 3 - 2　发育成熟的番茄花粉结构示意图

MD 模型不是显示表达,尚无法应用于离散元求解中,也无法对花粉颗粒动力学进行求解。JKR 模型在离散元动力学仿真中已经得到了广泛验证,通过对 JKR 模型进行适当修正,可以实现 MD 模型的近似模拟。

基于 JKR 模型,对番茄花粉颗粒接触碰撞进行分析和讨论。

Johnson,Kendall 和 Roberts 于 1971 年在 Hertz-Middlin 理论技术上,利用线性叠加和最小能原理推导出 JKR 模型[151]。基于 JKR 模型理论,花粉颗粒之间的法向力 F_{JKR} 表达式见下式。

$$\begin{cases} F_{\text{JKR}} = -4\sqrt{\pi\gamma E_E \alpha^{\frac{3}{2}}} + \dfrac{4E_E}{3R_E}\alpha^3 \\ \delta_n = \dfrac{\alpha^2}{R_E} - \sqrt{\dfrac{4\pi\gamma\alpha}{E_E}} \end{cases} \tag{3-6}$$

式中:γ —花粉颗粒接触区的表面能,J/m^2;

α ——花粉颗粒之间的相互作用参数。

将花粉颗粒接触碰撞的法向作用力和法向重叠量进行无量纲处理,得到如图 3-3 所示曲线。当表面能 $\gamma=0$ 时,$\alpha=\sqrt{R_E\delta_n}$,法向力 F_{JKR} 可以简化为式(3-1)。这表明 Hertz 接触模型为 JKR 接触模型的特殊情况。对于 Hertz 接触模型而言,由于不存在黏附力的作用,法向重叠量 $\delta_n=0$ 时,花粉颗粒之间开始分离,颗粒之间的法向作用力 $F_n=0$。 当花粉颗粒之间存在黏附力时 ($\gamma\neq 0$),JKR 曲线中 δ_n 存在负值区间,这表明当花粉颗粒发生分离时,黏附力会使花粉颗粒发生拉伸变形,花粉颗粒黏附力最大作用距离 δ_c 的表达式见下式。

$$\begin{cases} \delta_c=\dfrac{\alpha_c^2}{R_E}-\sqrt{\dfrac{4\pi\gamma\alpha_c}{E_E}} \\ \alpha_c=\left[\dfrac{9\pi\gamma R_E^2}{2E_E}\left(\dfrac{3}{4}-\dfrac{1}{\sqrt{2}}\right)\right]^{\frac{1}{3}} \end{cases} \qquad (3-7)$$

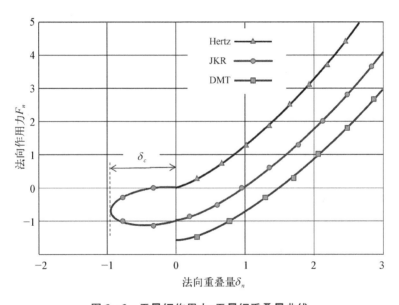

图 3-3　无量纲作用力-无量纲重叠量曲线

如图 3-3 所示,当花粉颗粒在分离时 ($\delta_n<0$),黏附力先随颗粒间距增加而变大,达到最大值之后随着间距增加而减小,当间距超过最大作用距离 δ_c 后花粉颗粒突然发生分离。这个最大黏附力记为 $F_{pullout}$,表面能 γ 的表达式见下式。

$$\gamma=-\frac{2}{3}\frac{F_{pullout}}{\pi R_E} \qquad (3-8)$$

通过式(3-8)可以得到花粉颗粒表面能参数。

3.1.2　花粉颗粒 AFM 压痕试验分析

原子力显微镜扫描成像和测量原理如图 3-4 所示：将一个对微弱力极敏感的微悬臂一端固定于压电陶瓷管上，微悬臂另一端安装有圆锥形、圆柱形和球形等类型针尖。当针尖与样品表面接近和接触时，针尖尖端与样品表面间的作用力使微悬臂发生变形，激光器产生激光照射在微悬臂针尖端并由反射涂层反射至四象限光电二极管上，根据测量得到微悬臂的变形量，结合胡克定律计算得到作用力，压电陶瓷扫描器件控制微悬臂与样品相对移动，从而可以获得样品表面的高分辨率形貌信息以及探针和样品之间的作用力。

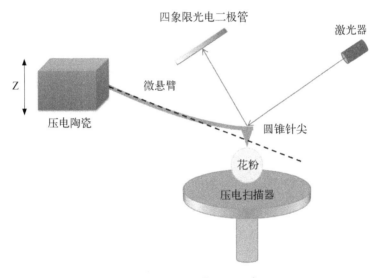

图 3-4　AFM 测量原理示意图

如图 3-5 所示，AFM 力-位移曲线一般可以分为七个阶段[154]，分别对应力-位移曲线图中的不同形状：

阶段①：探针不断靠近样品表面，但探针与样品之间距离较远，微悬臂没有受到长程吸引力或者斥力的作用，未发生变形，处于初始状态。此时应力-位移曲线保持水平，形成基线。

阶段②：探针与样品表面距离足够小，微悬臂受到样品表面近程力的吸引，突然向下弯曲，探针与样品表面发生接触（接触点）。

阶段③：探针继续向下移动，微悬臂逐渐从向下弯曲状态恢复，随着探针下行，微悬臂开始反方向向上偏转，直至达到设定值。

阶段④：探针开始回撤，微悬臂从向上偏转慢慢恢复到未变形状态。

阶段⑤：随着探针继续回撤，由于样品表面的黏附作用，微悬臂开始向下偏转，达到探针与样品表面黏附作用的临界值，探针达到向下偏转的峰值（$F_{pullout}$）。

阶段⑥：探针进一步回撤，探针与样品表面之间的距离进一步增大，探针完全脱离样品表面时，样本表面对探针的黏附力和近程吸引力突然消失（分离点），微悬臂迅速恢复初始状态。

阶段⑦：探针与样品表面之间距离足够远，不受到样品表面的任何力的作用，微悬臂恢复初始状态，力曲线再次恢复水平。

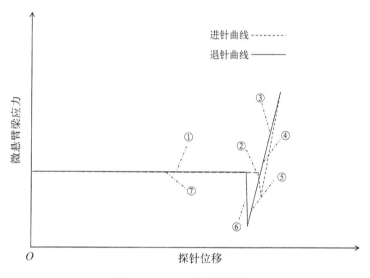

图 3-5　AFM 探针力曲线

根据花粉颗粒接触碰撞受力分析，花粉颗粒形貌参数、花朵组织机械力学参数（弹性模量、剪切模量、泊松比）和接触力学参数（恢复系数和表面能等）对接触碰撞过程起着十分重要的作用，而且这些参数也是离散元动力学仿真的基础。

根据式（3-8）可知，两个黏弹性颗粒分离时刻，颗粒之间的作用力为最大黏附力 $F_{pullout}$，$F_{pullout}$ 与接触区域的当量曲率半径 R_E 和表面能 γ 成正比。由于探针材质与花粉颗粒差异较大，导致探针与花粉颗粒之间的表面能不代表花粉颗粒之间的实际接触碰撞情况。因此，将花粉颗粒修饰于探针针尖上，使用修饰后的花粉颗粒探针进行测量。

对于花粉颗粒之间的压痕试验，假设两个花粉颗粒形状和材料特性完全一致。此时，接触区域的当量曲率半径 $R_E = \dfrac{R_p}{2}$（R_p 为花粉颗粒半径），当量弹性模量 $E_E = \dfrac{E_p}{2(1-\nu_p^2)}$（$E_p$ 和 ν_p 分别为花粉颗粒的弹性模量和泊松比）。式（3-8）可以写成如下形式。

$$F_{\text{pullout}} = -\frac{3}{2}\pi\gamma\frac{R_{\text{p}}}{2} \tag{3-9}$$

根据 2.2.3 花粉微观形态及分布特性可知,粉冠 F1 花粉颗粒平均半径为 9.32 μm,F_{pullout} 可以通过 AFM 压痕试验测量得到,从而计算出粉冠 F1 花粉颗粒之间的表面能。

对于花粉颗粒与花粉囊、花柱之间的接触受力,由于花粉囊和花柱的空间尺寸远大于花粉颗粒,可将花粉囊和花柱假设为无限半空间,接触区域的当量曲率半径 $R_E = R_p$,然后根据式(3-9)结合 AFM 压痕试验分别得到出花粉颗粒-花粉囊、花粉颗粒-柱头、花粉颗粒-花柱的表面能。

根据图 3-5 分析可知,当探针与花粉颗粒距离足够接近时,探针在近程力的作用下突然弯曲,从而与花粉颗粒接触,定义此时为花粉颗粒接触零位置;当探针回撤时,探针与花粉颗粒之间距离超过最大作用距离 δ_c 后,探针与花粉颗粒之间的黏附力会突然消失,F_{pullout} 所对应的位置为黏附力最大作用距离脱离点。根据 AFM 压痕试验,可以得到探针发生突然接触和突然分离分别对应的探针位置参数,两个位置间距即为 δ_c,结合式(3-7),求解得到 α_c 和 E_E。通常认为细胞组织的泊松比接近 0.5,从而进一步得到番茄花朵各个组织的弹性模量。

3.2　材料和方法

3.2.1　生物型原子力显微镜

番茄花朵采摘下来之后容易失去水分而枯萎,如果测量时间较长,被测样本的力学和形貌特性将发生变化。为了不损伤被测番茄花朵组织并实现快速测量,试验使用如图 3-6a 所示的生物型原子力显微镜(Dimension FastScan Bio, Bruker)。该型 AFM 为高速针尖扫描原子力显微镜系统,能够在大尺寸样本上实现每秒 1 帧的高分辨率扫描。结合峰值力轻敲模式,使用线性回路实现了实时的力测量,适用于各种刚度、粗糙度样品表面。

所用表面形貌探针型号为 SNL-10,如图 3-6b 所示,探针左右两侧共有四个悬臂,测试时使用编号"A"的悬臂。悬臂的弹性常数为 0.35 N/m,悬臂长度为 120 μm、厚度为 0.6 μm,反光涂层材质为金。探针高度为 2.5 μm,半开角为 15°±2.5°,针尖半径为

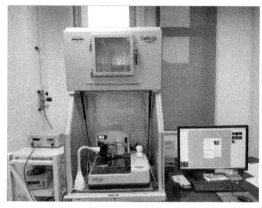
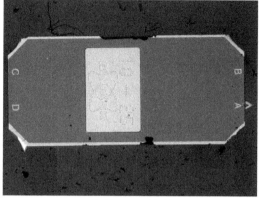

a. Dimension FastScan Bio   b. SNL-10型探针

图 3-6　生物型原子力显微镜

12 nm。使用该型号探针对新鲜番茄花粉颗粒进行表面形貌成像。

3.2.2　花粉颗粒探针修饰

为了测量花粉颗粒之间和花粉颗粒对花粉囊、花柱和花药的黏附力,需要将单个花粉颗粒修饰于探针针尖上,制备花粉颗粒探针,测量颗粒-颗粒和颗粒-花朵组织间的作用力与探针位移之间的变化关系。修饰过程所用的主要仪器设备如图 3-7 所示。

番茄花粉颗粒直径约 20 μm,选取如图 3-7a 所示 MLCT 探针,探针悬臂梁尖端宽度 22±5 μm,厚度为 0.55 μm,弹簧的劲度系数为 0.07 N/m,左侧有 1 个悬臂(编号 A),右侧有 5 个悬臂(编号 B—F)。

番茄花粉颗粒探针的修饰过程为:① 使用多管拉制仪(PMP107,MDI)拉制出 2 根内径约 15 μm 的玻璃毛细管(具体制备过程可参考文献[155]),将制备好的毛细管分别安装于显微操作系统(Narishige)四轴悬挂操作杆油压显微机械手和气动显微注射器上;② 将离子清洁后的 MLCT 探针正面向上置于显微镜(DMi8,徕卡)载物台上,使用气动显微注射器抽取紫外光固化胶水(8500,ergo),在显微镜下将毛细管靠近悬臂尖端的中央并挤出适量胶水(胶水覆盖长度不超过 20 μm);③ 使用显微机械手依次吸取事先准备好的新鲜成熟粉冠 F1 番茄的花粉颗粒,在显微镜下将花粉颗粒放置在胶水覆盖的悬臂尖端;④ 使用紫外灯照射 15 min 加速胶水凝固,室温静置过夜(温度 20~25℃,相对湿度 40%~60%),待花粉颗粒与探针牢固黏结后方可使用。

分别对花粉颗粒、花粉囊、柱头和花柱下部区域进行测量,得到花粉颗粒对不同组织的黏附力,结合式(3-8)和式(3-9),计算得到对应的表面能。

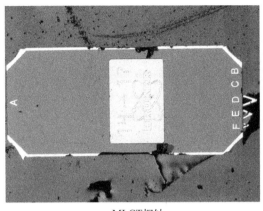

a. MLCT探针

b. 花粉颗粒探针

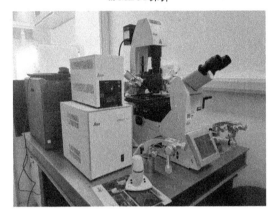

c. 探针修饰操作平台

d. 显微操作系统

图 3-7　花粉颗粒探针修饰所用设备

3.2.3　番茄花朵测试样本制备

由于番茄花朵组织脱水后会发生变形,为了确保测量的准确,直接使用新鲜组织进行试验。于天气晴好上午 9—10 点,连同侧枝一起采摘当天盛开的粉冠 F1 番茄花朵,采摘后立即将侧枝根部置于盛满清水的烧瓶中,15 分钟内运送至实验室进行样品制备,以免被测样本的力学和形貌特性发生变化。花粉测试样本的形态如图 3-8 所示。

具体制备过程如下:① 花朵头部向下,花朵下方放置一个贴有双面胶的载玻片;② 夹住花朵根部,使用手指轻弹花药,使花粉颗粒从花药顶部散出并落于载玻片上;③ 当载玻片上布满花粉颗粒后,使用离型纸覆盖住花粉颗粒,轻轻按压,使花粉颗粒和双面胶紧密黏附在一起;④ 使用洗耳球吹去多余花粉颗粒,在显微镜下观测花粉颗粒样本,如图 3-8a 所示。将花柱从柱头与花柱杆连接处切开,将柱头断面置于载玻片上,制成柱头样品,如图 3-8b 所示;将花柱剩下部分横向置于载玻片上,制成花柱样本,如图 3-8c

所示。使用解剖刀,切取大小约 2 mm×2 mm 花粉囊组织,并将背面修剪成水平面,样本正面需包括花粉囊开裂和茸毛部分,将其置于载玻片上,并使用洗耳球吹去样本上黏附的花粉颗粒,花粉囊样本如图 3-8d 所示。

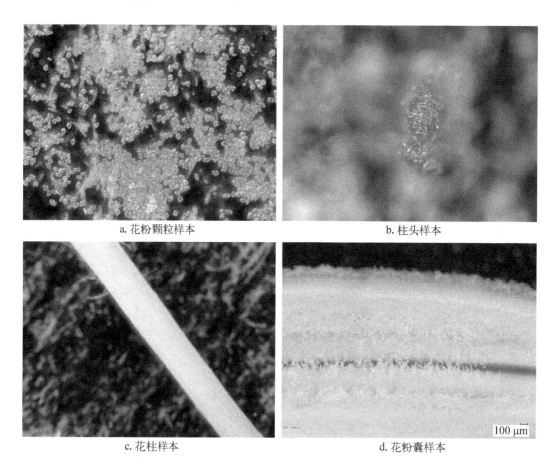

a. 花粉颗粒样本

b. 柱头样本

c. 花柱样本

d. 花粉囊样本

图 3-8　AFM 试验样本(粉冠 F1)

花粉样本上花粉颗粒并不均匀分布,部分区域花粉颗粒紧密排列没有缝隙,有些区域花粉颗粒却是孤立存在的。对于花粉颗粒探针而言,很难精确地使探针上的花粉颗粒与被测花粉颗粒沿垂直中轴线进行接触。大部分测量属于偏心接触,偏心程度较大时,针尖受到的水平推力可能导致针尖断裂,甚至部分测量并未接触到花粉颗粒,而是直接与双面胶发生了接触,可能导致修饰的花粉脱离。

因此,选择布满花粉颗粒的区域进行花粉颗粒探针测量,防止花粉颗粒探针损伤。同时,为了确保测量准确性,测量数设为 100 点(10×10 的矩阵,间隔为 3 μm)。单个花粉颗粒直径约 20 μm,测量区域范围为 30 μm×30 μm,确保存在探针颗粒与被测颗粒正面对称接触的测量点。对柱头、花柱和花粉囊进行测量时,每个样本测量 20 次,每次测量后将探针落点平移 $50\ \mu m$,以防多次重复测量对样本表面微结构造成破坏,影响测量精度。

3.3 结果与讨论

3.3.1 花药组织杨氏模量和表面能

针对花粉颗粒 AFM 压痕试验,从 10×10 测量矩阵中选取探针接触点位置最高的那一次数据作为分析对象,认为此时探针从球形花粉颗粒最高点正上方垂直进针和退针,测量结果如图 3-9 所示。

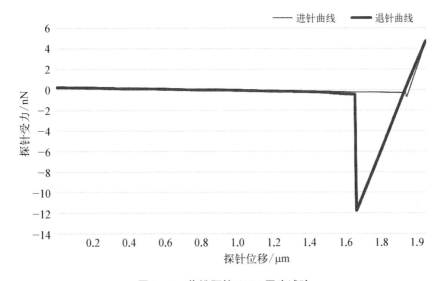

图 3-9 花粉颗粒 AFM 压痕试验

探针进针和退针均保持匀速,单次测量时间约 $930\ ms$。

从图 3-9 可知,探针受到的最大黏附力 $F_{pullout}$ 为 $-11.76\ nN$,接触区域的当量曲率半径为 $4.66\ \mu m$,根据式(3-9)计算得到粉冠 F1 花粉颗粒之间的表面能为 $5.06\times10^{-4}\ J/m^2$。花粉颗粒间黏附力最大作用距离 δ_c 为 $277.35\ nm$,计算得到当量杨氏模量为 $3.21\times10^4\ Pa$,花粉颗粒的杨氏模量为 $4.82\times10^4\ Pa$。

当花粉颗粒探针与花粉囊、花柱(光杆部分)和柱头接触时,被测部分的尺寸远大于花粉颗粒尺寸,将其视作无限半空间,接触区域的当量曲率半径为 $9.32\ \mu m$。

选取多次测量中数据稳定、最大黏附力 $F_{pullout}$ 最大的一组数据进行分析。绘制如图 3-10 和图 3-11 所示的探针位移-探针受力图,花粉颗粒-花粉囊和花粉颗粒-花柱(光杆部分)的最大黏附力 $F_{pullout}$ 分别为 -19.17 nN 和 -15.78 nN,黏附力最大作用距离 δ_c 分别为 292.02 nm 和 218.75 nm。计算得到,花粉颗粒和花粉囊之间的表面能 4.36×10^{-4} J/m^2、花粉颗粒和花柱(光杆部分)之间的表面能 3.59×10^{-4} J/m^2,花粉颗粒和花粉囊接触时的当量杨氏模量为 3.34×10^4 Pa、花粉颗粒和花柱(光杆部分)接触时的当量杨氏模量为 4.35×10^4 Pa、花粉囊的杨氏模量为 5.51×10^4 Pa、花柱(光杆部分)的杨氏模量为 1.01×10^5 Pa。

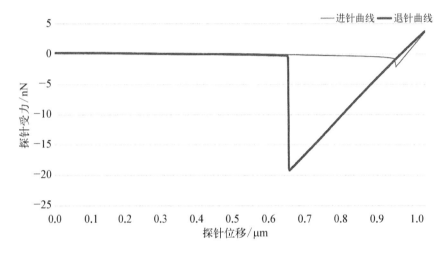

图 3-10 花粉颗粒-花粉囊 AFM 压痕试验

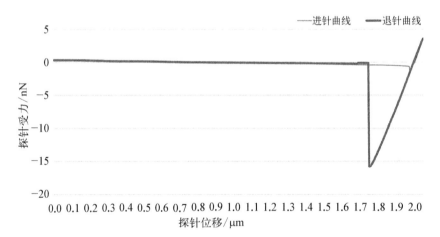

图 3-11 花粉颗粒-花柱 AFM 压痕试验

从图 3-12 可知,花粉颗粒与柱头接触时的黏附力明显大于其他部位,最大黏附力 $F_{pullout}$ 为 -41.26 nN,黏附力最大作用距离 δ_c 为 363.28 nm。计算得到,花粉颗粒和柱头之间的表面能 9.93×10^{-4} J/m^2,接触时的当量杨氏模量为 5.32×10^4 Pa,柱头杨氏模量为 2.31×10^5 Pa。

由于花粉颗粒之间、花粉颗粒-花粉囊和花粉颗粒-花柱(光杆部分)的黏附力较小，当花粉颗粒探针与这些组织接触后，随着探针的继续下压或回撤，探针受力和探针位移之间均呈现线性关系，进针曲线和退针曲线基本重合。这表明花粉颗粒、花粉囊、花柱(光杆部分)这些低黏附力的番茄花朵组织在一定程度上可被视为线性材料，当求解精度要求不高的情况下，其弹性模量可以采用圆柱形探针单向压缩试验测量得到。

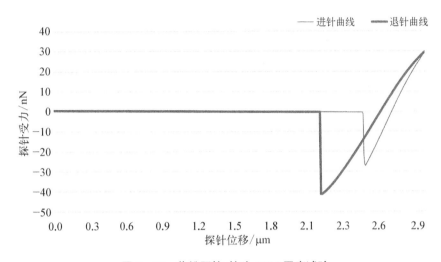

图 3-12　花粉颗粒-柱头 AFM 压痕试验

花粉颗粒与柱头之间黏附作用较大，在进针时黏附力方向与探针作用力方向一致，而退针时黏附力方向与探针作用力方向相反。如图 3-13 所示，退进针曲线和退针曲线

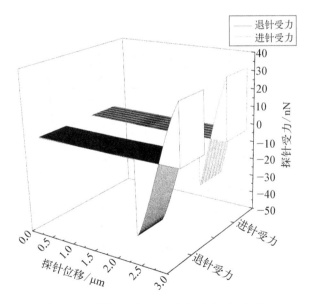

图 3-13　探针进针、退针受力-位移 3D 带状图

只在花粉颗粒最大变形处相交,两条线并不重合。进针时,探针对花粉颗粒所做的功经花粉颗粒变形转化为势能,而退针时黏附力耗散了很多能量,退针时作用力做功明显大于进针作用力做功。因此,选择 JKR 模型对黏附力和杨氏模量进行计算和分析具有较高的精度。

根据 AFM 压痕试验发现,番茄花朵质地柔软,各部位的机械力学特性差异不大,花粉颗粒的杨氏模量最小,柱头的杨氏模量最大,番茄花粉颗粒、花粉囊、柱头和花柱的杨氏模量分别为 4.82×10^4 Pa、5.51×10^4 Pa、2.31×10^5 Pa、1.01×10^5 Pa。马晓晓等[156]利用质构仪对适栽期番茄钵苗茎秆进行了压缩性能试验,测量得到杨氏模量均值为 34.71 Mpa。花朵组织的杨氏模量和茎秆杨氏模量之间差异巨大,这主要是由于茎秆和花朵的细胞学结构差异导致的。茎秆由外到内分别为韧皮部、维管束和木质部,韧皮部的存在会显著提高茎秆的强度,维管束中束鞘细胞层也有利于弹性模量的提高[157]。对于花朵而言,组织细胞高度液化,细胞质浓厚,从而导致杨氏模量也远小于茎秆组织。苹果花朵细胞学结构与番茄花朵相似,因此它的力学特性与番茄花朵接近,苹果花朵花托处杨氏模量约为 0.2 Mpa[158]。番茄花粉颗粒外侧包裹有花粉鞘,花粉鞘十分柔软,是绒毡层细胞合成活动的产物,含疏水性脂肪,是由脂类物质、类黄酮、胡萝卜素和绒毡层蛋白的退化产物组成,花粉鞘的存在使得花粉颗粒杨氏模量较小。

花粉探针与花粉颗粒、花粉囊、花柱和柱头之间最大黏附力分别为 -11.76 nN、-19.17 nN、-15.78 nN 和 -41.26 nN,最大黏附力的作用范围为 $200 \sim 300$ nm。花粉颗粒之间接触时,当量接触半径和接触面积都是最小的,因此受到的最大黏附力在几种接触中处于最小。花粉颗粒与花粉囊和花柱的接触可以等效为无限半空间接触,两者接触情况类似,因此测量得到的最大黏附力也较为接近。花粉与柱头接触时,受到的最大黏附力要明显大于其他组织。这是由于在花朵开放时,柱头表面会分泌黏液,使柱头更容易黏附到花粉颗粒,而且防止被黏附的花粉脱落,显著增加花朵的授粉概率,具有十分重要的生物学意义。

3.3.2 新鲜花粉颗粒表面形貌和力学特性

前文采取扫描电镜方法对花粉颗粒进行了表面形貌分析,但是所测量的花粉经过了戊二醛固定、超临界干燥和喷金等处理,这些处理可能导致新鲜番茄花粉颗粒的表面形貌特征丢失。使用 Dimension FastScan Bio 生物型原子力显微镜和 SNL - 10 探针对新鲜花粉颗粒直接进行表面形貌测量,花粉样本制备方法同前文 3.2 节。

如图 3-14 所示,番茄新鲜花粉颗粒外表面有均匀分布的凸起,凸起底部直径约 0.16 μm,间距约 0.45 μm,凸起高度范围为 $10.3 \sim 19.6$ nm。

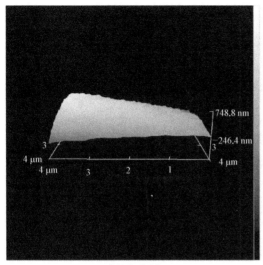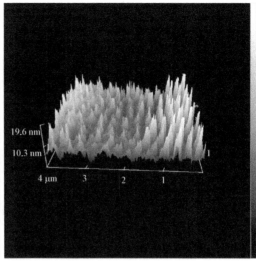

a. 花粉表面形貌　　　　　　　　　　　b. 花粉表面凸起

图 3 - 14　花粉颗粒表面形貌

图 3 - 15 为形貌探针受到的黏附力分布云图,探针在花粉颗粒状凸起的顶点处受到的黏附力约 20 nN,在颗粒状凸起的根部受到的黏附力约 5 nN,颗粒状凸起的存在显著增加了花粉颗粒的黏附性。

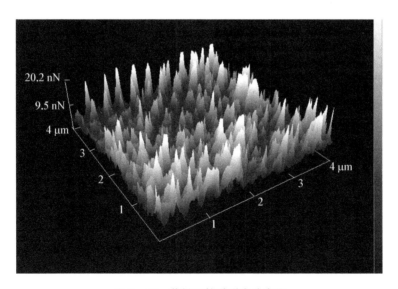

图 3 - 15　花粉颗粒黏附力分布图

AFM 分析软件 NanoScope Analysis 计算得到的花粉颗粒表面 DMT 模量分布如图 3 - 16 所示。DMT 模量分布图表明,颗粒状凸起的弹性模量显著大于花粉表面的弹性模量。

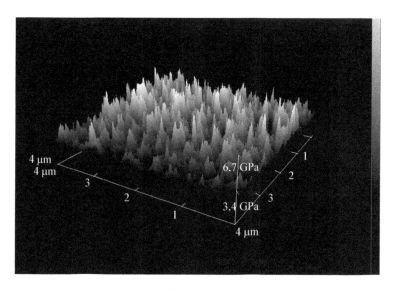

图 3-16　花粉颗粒表面 DMT 模量分布

植物花粉表面微观结构多种多样,常见的表面结构有网状纹饰、条状纹饰和颗粒状纹饰,这些表面结构与花粉的散布机制密切相关[159]。最初的野生番茄花粉表面为粗疣颗粒状纹饰,表面由不规则的块状突起组成,突起较高,轮廓线为不均匀的波痕形,使得整个表面比较粗糙。而樱桃番茄和普通番茄的花粉表面为细疣颗粒状纹饰,表面也有不规则的块状突起组成,但是凸起较低,花粉表面比较平滑[54]。两种不同的纹饰类型都有相同且均匀分布的颗粒状雕纹与之伴随,说明番茄在长期的系统演化过程中,既保持了遗传的稳定性又因适应不同的环境而发生了细微变异,这些细微的变异正体现在花粉表面纹饰的差异上。

在长期的栽培驯化过程中,番茄花粉表面逐渐由粗糙变得平滑,这种改变主要受到授粉适应性的推动[160]。研究表明,花粉表面的凸起会显著地降低蜜蜂收集花粉的效率,自然条件下蜜蜂会收集表面较为平滑的花粉[161],而不收集表面凸起较大的花粉[162]。与野生番茄相比,樱桃番茄和普通番茄的柱头外露率降低,表明番茄驯化和改良伴随柱头外露程度显著降低,从而导致番茄从异花授粉向自花授粉的转变[163]。在这一变化过程中,番茄授粉更加依赖于蜜蜂这一生物传粉媒介,因此花粉表面变得更为光滑。

3.3.3　毛细作用力对黏附的影响

从微观角度分析花朵的黏附,可以发现花粉的黏附实际上是其表面凸起与目标之间的黏附,花粉表面凸起的形貌参数对黏附起着较大影响。同时,在花粉的黏附过程中,柱头表面存在黏液,其他组织表面受高湿环境影响也常存在液膜,液体的存在与否及其浸润特性对花粉的黏附也起着十分重要的作用。

当花粉与目标表面之间存在液体时,花粉黏附力可以表达为下式[164]。

$$F = F_{vdw} + F_e + F_w \tag{3-10}$$

式中: F_{vdw} —范德华力,nN;

　　　F_e —静电力,nN;

　　　F_w —毛细管吸引力产生的力,nN。

毛细管吸引力可以用下式两个部分来解释:

$$F_w = F_1 + F_p \tag{3-11}$$

式中: F_1 —作用在花粉表面三相接触面上的毛细力,nN;

　　　F_p —气液界面压力差(拉普拉斯压力)产生的毛细力,nN。

对比分析图 3-9 至图 3-12 中的受力-位移曲线,花粉颗粒探针逐渐靠近样本时,未观测到远程力的作用,只存在近程力。花粉与花粉、花粉囊、花柱和柱头间的近程吸引力分别为 -0.68 nN、-2.11 nN、-1.38 nN 和 -27.18 nN,近程吸引力大致作用范围为 6~18 nm。因此,在花粉黏附过程中静电力 F_e 可以忽略不计。

当存在液体时,花粉的黏附状态如图 3-17 所示,图中为花粉表面凸起(实际形貌如图 3-14b 所示)、花朵组织表面液体、花朵组织。

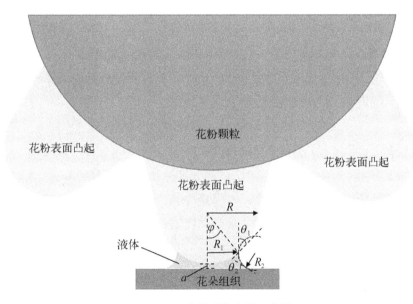

图 3-17　花粉黏状态用示意图

此时,三相接触面上毛细管作用力可表示为下式。

$$F_1 = 2\pi R r \gamma \sin\varphi \sin(\varphi + \theta_1) \qquad (3-12)$$

式中：R —花粉表面凸起颗粒的半径，m；

  r —花粉表面凸起粗糙度系数；

  γ —液体表面张力，N/m；

  φ —花粉凸起和液体之间填充角，(°)；

  θ_1 —液体在花粉表面接触角，(°)。

拉普拉斯压力差引起的力 F_p 可以表示为下式。

$$\begin{cases} F_p = \pi R_1^2 \Delta P \\ \Delta P = \gamma \left(\dfrac{1}{R_2} - \dfrac{1}{R_1} \right) \end{cases} \qquad (3-13)$$

式中：ΔP —拉普拉斯压力差，Pa；

  R_1 —横向曲率半径，$R_1 = R\sin\varphi$。

基于毛细管桥几何形状的圆形假设，可以得到 R_1 和 R_2 之间存在如下关系。

$$R_2 = \frac{a + R_1(1 - \cos\varphi)}{\cos(\theta_1 + \varphi) + \cos\theta_2} \qquad (3-15)$$

式中：a —液体厚度，m；

  θ_2 —液体在花朵组织表面接触角。

当花朵组织表面液体为水时，花朵组织亲水性较好，取 $\theta_2 = 23°$。花粉颗粒表现由于花粉鞘的作用，表现出疏水性，取 $\theta_1 = 63°$。水与花粉之间的表面张力为 $4 \sim 42$ mN/m[154]。液体厚度取近程力作用距离的中位数，$a = 12$ nm；花粉表面凸起的硬度较高，忽略毛细力作用下凸起的变形；凸起的表面光滑，粗糙度系数 $r = 1$。

选取 4 mN/m、23 mN/m 和 42 mN/m 三个表面张力参数，建立不同表面张力 γ 下的毛细作用力 F_w 与填充角 φ 的关系曲线，如图 3-18 所示。从图中可以发现，随着 φ 从 0 增加到 90°，F_w 呈现先增加后减小趋势；随着 γ 的增加，F_w 的峰值和变化幅度也随之增加，同时最大峰值不断前移。结合图 3-9 至图 3-12 的受力-位移曲线，可以发现毛细作用力最大值(33 nN)与花粉-柱头 AFM 压痕试验退针阶段的最大黏附力 $F_{pullout}$（41 nN）较为接近，且毛细力变化曲线与退针曲线表现出高度的一致性。在 AFM 试验退针前，花粉颗粒与柱头上的液体接触较为充分，填充角较大。当开始退针后，由于填充角的不断减小，毛细力反而逐渐增加；当达到某一特定值时，毛细力达到峰值，此时探针检测到最大黏附力。

为分析毛细力各分项与填充角之间的关系，以表面张力 23 mN/m 为例，构建毛细作

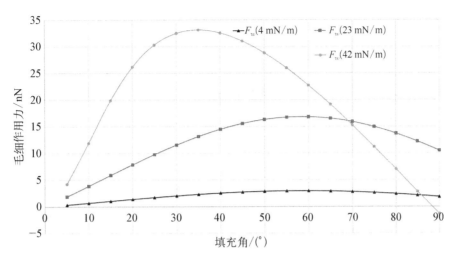

图 3-18　不同表面张力下 F_w-φ 关系曲线

用力 F_w、三相接触面毛细力 F_1 和拉普拉斯压力毛细力 F_p 与填充角 φ 关系曲线,如图 3-19 所示。

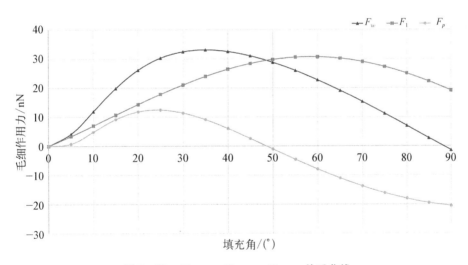

图 3-19　F_w-φ、F_1-φ、F_p-φ 关系曲线

由图 3-19 可知,毛细力各分量与填充角之间呈现不同的相应关系,三相接触面毛细力 F_1 和拉普拉斯压力毛细力 F_p 呈现复杂的耦合关系。在 $\varphi < 50°$ 时,F_1 占据主导;当 $\varphi > 50°$ 后,F_p 急剧变为负值,占据毛细力主导作用,阻滞花粉的黏附。

通过上述研究可以发现,花粉受到的毛细作用力受到花粉表面结构、花粉鞘浸润特性以及目标表面湿度等因素的协同作用。当花粉表面凸起减小时,花粉变得更为光滑,花粉受到的毛细作用力会随之减小。与此同时,花粉表面微结构会在潮湿的环境下自主吸收空气中的水分,从而增加填充角,湿度和填充角之间存在着依赖性。当不考虑花粉鞘的疏水特性时,花粉受到的毛细作用力会随着环境湿度的增加而变大。但是,由于花粉鞘是油性疏水物质,花粉表面液体接触角对毛细作用力的大小起着关键作用。

从图3-19还可以发现,毛细作用力会先随着湿度(填充角)的增加而变大,当填充角超过35°后,毛细作用力随着湿度的进一步增加而降低。由此可见,花粉鞘的浸润特性是花粉颗粒复杂的黏附行为的主要影响因素。

花粉鞘的存在对于授粉过程也至关重要。如果没有花粉鞘,花粉会在高湿度条件下牢牢地黏附在亲水的花朵组织上,无法实现花粉颗粒的转移。由于花粉鞘的存在,在高湿度环境下,花粉颗粒受到的毛细作用力甚至可能为负值,花粉颗粒可以较为容易地从花粉囊中转移至蜜蜂身上或者被柱头黏附。

3.3.4 范德华力对黏附的影响

根据 Lennard-Jones 理论,颗粒之间的范德华力可以表示为下式[165]。

$$
\begin{cases}
F_{vdw} = \dfrac{H}{6D^2} \dfrac{R_1 R_2}{R_1 + R_2} \\
H = \pi^2 n^2 \Lambda
\end{cases}
\tag{3-16}
$$

式中: H —颗粒 Hamaker 常数,J;

D —颗粒间距,m;

R_1、R_2 —两个颗粒半径,m;

n —单位体积中包含的颗粒数;

Λ —颗粒对之间的势能。

当 $R_2 \to +\infty$ 时,就能得到颗粒与平板之间的范德华力。

$$
F_{vdw} = \dfrac{R_1 H}{6D^2}
\tag{3-17}
$$

颗粒的形状、颗粒间距对范德华力起着较大的影响作用。对于花粉颗粒而言, $R_1 = 10\,\mu m$,颗粒间距取近程力作用距离的中位数为 12 nm。物质通常的 Hamaker 常数为 $10^{-19} \sim 10^{-20}$ J。

计算得到花粉颗粒间范德华力 F_{vdw} 在 0.8~1.7 nN 之间,这一数值与图3-9至图3-12中进针曲线接触点数值较为一致。由于柱头会分泌黏液,花粉与柱头之间的距离达到 12 nm 时,花粉表面凸起实际上已经与柱头上的液体发生接触,产生了明显的毛细作用力,因而进针曲线接触点数值远大于范德华力。结合图3-15可知,花粉颗粒表面凸起具有 20 nN 左右的黏附力,与图 3-9 至图 3-11 中的最大黏附力接近,该数值远大于花粉颗粒受到的范德华力。正常情况下,花粉颗粒自身的黏附作用更多依赖于其毛细作用力,范德华力只起到辅助作用。

单个番茄花粉颗粒的质量为 5.28×10^{-3} ng,受到的重力约为 0.052 nN,花粉颗粒间的范德华力是重力的 15~33 倍。当花粉颗粒处于干燥环境时,毛细作用力较为微弱。在范德华力的作用下,花粉颗粒依然表现出较强的黏附作用,花粉颗粒在范德华力的作用下能够团聚在一起或者黏附在其他花朵组织表面。由于范德华力的存在,花粉颗粒不会出现明显的颗粒流动性,从而防止花朵内部的花粉在外界振动作用下大量地从花药内逃逸。这一特性在蜂鸣授粉过程中具有十分重要的意义。蜜蜂采集到花粉颗粒后,通过绒毛将其黏附在身体表面,而花粉表面的水分很容易蒸发丢失,从而导致毛细作用力的快速减小。范德华力的存在,保证了花粉颗粒不会在重力和空气阻力的作用下从蜜蜂身上脱落。

3.4　基于离心法的柱头黏附力验证

花粉颗粒探针修饰时需要使用紫外灯对花粉颗粒进行长时间照射,并经过至少 10 小时静置后方可使用。此时,花粉颗粒可能已经失去活性,数据准确性存疑,AFM 压痕试验相关结果需要进一步验证。为了探究花粉探针修饰是否会导致黏附力的变化,采取离心法对柱头的黏附力进行测定[166]。

3.4.1　离心法测量原理

如图 3-20 所示,将黏满花粉颗粒的花柱固定于离心管底部,离心管中注满高浓度蔗糖溶液。由于黏附力远大于重力和浮力,可忽略花粉颗粒受到的重力和浮力的作用,当进行高速离心时,受力情况见图 3-20。

由于花粉颗粒和蔗糖溶液之间存在密度差,花粉颗粒将受到密度梯度带来的洗脱力 F_{xt} 的作用产生分离趋势,而花粉颗粒和柱头之间存的黏附力 F_{nf} 阻止两者分离,F_{xt} 随着离心机转速增加而变大,当 F_{nf} 达到最大黏附力 $F_{pullout}$ 后,花粉颗粒发生脱离,此时离心加速度

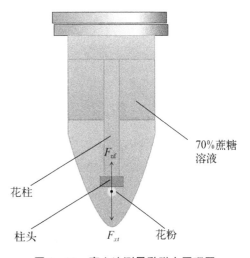

图 3-20　离心法测量黏附力原理图

记为 g_{lx}，F_{xt} 可以写成以下形式。

$$F_{xt}=V_p\times(\rho_{zt}-\rho_p)\times g_{lx} \qquad (3-18)$$

式中：V_p—花粉体积，m^3；

ρ_{zt}—蔗糖溶液密度，kg/m^3；

ρ_p—花粉密度，kg/m^3。

根据式(3-10)的原理即可得到新鲜花粉颗粒与柱头之间的最大黏附力。

3.4.2 离心法黏附力测量结果

如图3-21所示，将待测花柱制备成长10 mm的小段，花柱尾部用1 cm宽的封口膜紧密缠绕，在封口膜上缠上直径200 μm的铜丝，铜丝长度为30 cm，将柱头黏满新鲜花粉颗粒后，垂直固定在1.5 mL容量的离心管底部，向离心管中加注70%蔗糖溶液1 mL。

图3-21 测试柱头样本制备

在25℃下，在离心机中分别以8 000 r/min、9 000 r/min、10 000 r/min、11 000 r/min和12 000 r/min离心处理10 min。取出不同速度离心后的柱头，使用0.05%水溶性苯丙胺蓝对柱头进行染色，在紫外荧光显微镜下观察柱头表面花粉附着情况，记录柱头表面基本不存在花粉附着状态下的离心转速。显微观测结果如图3-22所示。

当离心机转速达到12 000 r/min时，柱头表面观测不到花粉颗粒，此时离心机的离心加速度 $g_{lx}=12\,000\times9.8$ m/s^2。70%蔗糖溶液密度 $\rho_{zt}=1\,344.52$ kg/m^3，花粉颗粒密度 $\rho_p=1\,259.76$ kg/m^3（可详见第4章试验）。测试所用的粉冠F1花粉颗粒平均直径

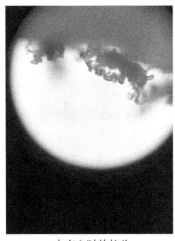 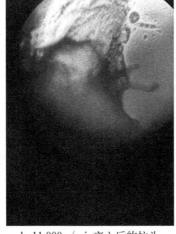 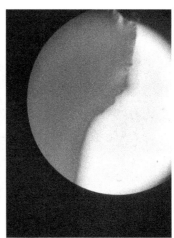

　　a. 未离心时的柱头　　　　　　b. 11 000 r/min 离心后的柱头　　　　c. 12 000 r/min 离心后的柱头

图 3 - 22　柱头离心前后花粉黏附情况

约 20 μm。

　　根据式(3 - 10)的原理可计算得到花粉和柱头之间的最大黏附力为 41.76 nN。基于 AFM 压痕方法测得花粉颗粒和柱头之间最大黏附力为 41.26 nN。两种测量方法得到的最大黏附力基本一致,这说明花粉颗粒探针具有新鲜花粉颗粒的黏附特性,试验结果具有高度可信性。同时,基于离心法的黏附力测试精度很高,测量不依赖昂贵的原子力显微镜设备,样本处理方法简单、速度快,具有很高的应用价值。

3.5　本章小结

　　本章的研究内容和结论如下:

　　① 番茄花朵质地柔软,各部位的机械力学特性差异不大,花粉颗粒的杨氏模量最小,柱头的杨氏模量最大,番茄花粉颗粒、花粉囊、柱头和花柱的杨氏模量分别为 4.82×10^4 Pa、5.51×10^4 Pa、2.31×10^5 Pa、1.01×10^5 Pa。番茄花粉颗粒之间、花粉颗粒与花粉囊之间、花粉颗粒与花柱和花粉颗粒与柱头之间的表面能分别为 5.06×10^{-4} J/m^2、4.36×10^{-4} J/m^2、3.59×10^{-4} J/m^2、9.93×10^{-4} J/m^2。

　　② 当花粉颗粒探针逐渐靠近花粉颗粒、花粉囊、花柱和柱头时,所受到的近程吸引力分别为 -0.68 nN、-2.11 nN、-1.38 nN 和 -27.18 nN。由于柱头表面存在黏液,与花粉颗粒之间的毛细作用力使得柱头对花粉颗粒有着极强的捕捉能力,花粉颗粒足够靠近柱头时就会被柱头捕获,从而促进授粉的进行。

③ 新鲜花粉外表面有均匀分布的凸起,凸起的弹性模量显著大于花粉表面的弹性模量,凸起的存在也显著增加了花粉颗粒的黏附性。花粉颗粒自身的黏附作用可能更多依赖于其自身花粉鞘产生的毛细作用力,而非范德华力。在番茄花粉的黏附过程中,毛细作用力占据绝对主导作用。

④ 基于 AFM 压痕方法和离心法测得的花粉颗粒和柱头之间最大黏附力均为 41 nN 左右。花粉颗粒探针具有新鲜花粉颗粒的黏附特性,AFM 试验结果具有高度可信性。而离心法具有测量精度高、成本低和速度快的优点,在微米尺度颗粒黏附力分析方面具有广阔的应用前景。

第 4 章

振动授粉过程仿真计算和试验验证

在自然界中,番茄主要依靠外源振动使花粉颗粒从花粉中释放进行授粉,常见的授粉形式有蜂鸣授粉和风致振动授粉。蜂鸣振动授粉通过访花昆虫胸腔或者翅膀挥舞产生的振动使番茄授粉,授粉时蜜蜂会发出"嗡嗡"的蜂鸣声,因此得名蜂鸣授粉。风致振动授粉通过风场和柔性番茄花朵之间双向流固耦合作用产生的风致振动进行授粉。番茄花朵的振动对授粉起着至关重要的作用。

番茄花朵结构封闭,花粉颗粒的释放、运动、碰撞和黏附过程全部发生于花药内部,且花朵和花粉颗粒尺寸悬殊,跨越厘米级和微米级,振动授粉过程难以直接观察和测量,严重制约着番茄花朵振动授粉的研究。因此,本章将利用离散元方法,对番茄花朵的振动授粉过程进行仿真计算,通过试验的方法获取番茄花朵本征参数,结合离散元法方法建立番茄花朵离散元振动模型,解析振动条件下花粉颗粒的动力学和运动学特性,分析振动参数对番茄授粉的影响规律,优化得到适宜授粉的振动参数,并进行验证试验,检验仿真计算可靠性,为后续研究提供基础数据。

4.1 花粉本征参数测量

4.1.1 蔗糖密度梯度离心测量方法

在进行离散元动力学求解时,颗粒的密度和数量是基础参数。由于花粉颗粒尺寸很小,采取蔗糖密度梯度分离的方法对花粉颗粒密度和数量进行测量,主要测量步骤如下。

① 蔗糖浓度梯度溶液配制:将蔗糖溶于水中,配制成质量百分比分别为 10%、20%、30%、40%、45%、50%、55%、60%、65%、70% 的溶液各 10 mL,分别置于 15 mL 离心管中,放入 25℃ 培养箱内过夜备用。

② 花粉样品处理：将蔗糖溶于水中,配制成质量百分比为 10％ 的溶液,按照前述章节 2.1.4 所述方法制备花粉颗粒,然后称取 0.01 g 待测花粉颗粒混合在 500 μL 的 10％ 蔗糖溶液中。

③ 花粉样品铺放：先用注射器将含有花粉颗粒的 10％ 蔗糖溶液 150 μL 注入 2 mL 离心管底部。

④ 采用层铺法将质量百分比为 20％～70％ 的蔗糖溶液依次加入已含有待测花粉样品的 10％ 蔗糖溶液的离心管底部,配制成密度梯度离心液。层铺法：将质量百分比为 20％、25％、30％、35％、40％、45％、50％、55％、60％、65％、70％ 的蔗糖溶液中的几种,用注射器依次注入离心管。先将低浓度的蔗糖溶液注入已含有待测花粉颗粒的 10％ 蔗糖溶液的离心管底部,然后吸取高浓度的蔗糖溶液,将注射器插入管底,加入高浓度的蔗糖溶液,待高浓度的蔗糖溶液将低浓度的蔗糖溶液顶至上层,将不同质量百分比的蔗糖溶液按照质量百分比由低到高的顺序,用上述方法依次加入,每次各 150 μL,制成密度梯度离心液。

⑤ 离心沉降：对步骤④的含有待测花粉样品的密度梯度离心液进行离心(25℃,700 r/min,3 min),离心后静置,待花粉达到沉降平衡后,观察花粉悬浮所在蔗糖浓度梯度层。

⑥ 绘制吸光度标准曲线：选取花粉悬浮所在层相应浓度的蔗糖溶液,称取 0.005 g 花粉,加入 1 mL 的蔗糖溶液,充分震荡悬浮后,用紫外分光光度计测定吸光度值(290 nm 波长下),然后等比例稀释 1～32 倍(1 倍、2 倍、3 倍、8 倍、16 倍、32 倍)后测定其吸光度值,然后绘制吸光度标准曲线。

⑦ 测定吸光度值：抽取步骤④中花粉悬浮所在层的蔗糖浓度梯度溶液,采用紫外分光光度计在 290 nm 波长下,测定待测花粉悬浮层蔗糖溶液的吸光度值,利用步骤⑥绘制的标准曲线计算步骤④中花粉悬浮所在层蔗糖浓度下的花粉浓度。

⑧ 查询已知的不同温度下蔗糖浓度与密度的对照表格,得出蔗糖密度。

⑨ 根据花粉密度计算公式得到花粉密度,见下式。

$$\rho_{\mathrm{p}} = \sum (O_{D_n}/O_D) \times \rho_n \tag{4-1}$$

式中：ρ_{p} —花粉密度,kg/m³；

O_{D_n} —第 n 层浓度梯度蔗糖溶液中花粉的浓度,个/m³；

O_D —所有含花粉的各浓度梯度蔗糖溶液层中花粉的浓度总和,个/m³；

ρ_n —第 n 层浓度梯度蔗糖溶液的密度,kg/m³。

⑩ 根据花粉密度,制备对应浓度的蔗糖溶液 500 μL,并与 20 朵花的花粉颗粒混合,

重复步骤⑤进行离心,移取 1 μL 悬浊液,滴于细胞计数板上,置于显微镜下观察计数,计算得到单花花粉数量。

4.1.2 花粉密度和单花花粉数量

由表 4-1 可知,番茄花粉沉降平衡所在层的蔗糖浓度分别为 50%、55%、60% 和 65%,波长 290 nm 下对应番茄花粉蔗糖溶液的吸光度平均值分别为 9.62、9.19、6.81 和 5.59。

表 4-1 蔗糖溶液吸光度

蔗糖浓度/%	波长 290 nm 下吸光度 1	波长 290 nm 下吸光度 2	波长 290 nm 下吸光度 3	平均值
50	10.05	10.47	8.35	9.62
55	8.32	9.38	9.86	9.19
60	7.16	5.32	7.96	6.81
65	4.40	7.56	4.82	5.59

根据标准曲线法得到:

50% 蔗糖溶液中番茄花粉的吸光度标准曲线方程:$y = 1.313\,1x - 0.207\,7$;

55% 蔗糖溶液中番茄花粉的吸光度标准曲线方程:$y = 1.591\,2x - 0.097\,3$;

60% 蔗糖溶液中番茄花粉的吸光度标准曲线方程:$y = 1.638\,6x - 0.095\,0$;

65% 蔗糖溶液中番茄花粉的吸光度标准曲线方程:$y = 1.806\,3x - 0.006\,8$。

式中:y—波长 290 nm 下的吸光度;

x—溶液密度,mg/mL。

根据相应的标准曲线换算出番茄花粉在 50%、55%、60%、65% 蔗糖溶液中的浓度分别为:7.48 mg/mL、5.84 mg/mL、4.21 mg/mL、3.10 mg/mL。实验过程中温度保持到 25℃,已知 50%、55%、60%、65% 蔗糖溶液的密度分别为:1.227 32 g/mL、1.255 16 g/mL、1.283 99 g/mL、1.313 76 g/mL。结合式(4-1),计算出花粉密度为 1 259.755 kg/m³。计数测量得到,单个花朵的花粉数量为 4 863 颗。

对于花柱和花粉囊而言,由于其形貌尺寸已达毫米尺度,采取称重测量质量,浸没测量体积的常规操作即可得到密度,在此不再赘述。花粉囊和花柱的密度分别为 563.28 kg/m³ 和 598.95 kg/m³。

4.2 番茄花朵振动授粉离散元模型构建

4.2.1 三维建模

番茄花朵作为生物组织,具有高度多样性,且材料各项异性特征明显。根据前述章节 2.2.2 和 2.2.4 番茄花朵显微结构研究结果,对花药结构特征进行归纳总结,构建具有代表性的三维模型。构建的番茄花朵三维模型如图 4-1 所示。

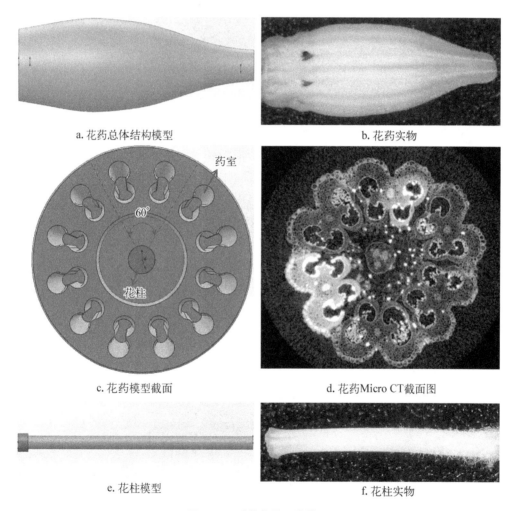

a. 花药总体结构模型　　　　　　　　b. 花药实物

c. 花药模型截面　　　　　　　　d. 花药Micro CT截面图

e. 花柱模型　　　　　　　　f. 花柱实物

图 4-1　番茄花朵三维模型

为了降低建模难度、提高计算效率,不考虑萼片、花瓣、子房部分,只对花药部分进行建模,并进行如下简化处理。

花药为圆周对称结构,内部有六个形状、尺寸和开裂形式均一致的花粉囊;花粉囊左右对称,单侧有两个圆形药室,中间存在药隔;花柱和柱头为圆柱形结构,居于花药轴线中心,柱头处于花柱顶部;忽略花药内外表面茸毛和褶皱结构以及花粉颗粒表面凸起和沟壑。

如图 4 - 1a 所示,花药长 10.5mm,最大处直径 4.02 mm,花药顶部小孔内径为 0.8 mm;如图 4 - 1c 所示,花药内有 6 个圆周均布的花粉囊,单个夹角为 60°,单个花粉囊为蝴蝶形轴对称结构,药室直径约 0.2 mm,单侧两个药室中间连通;如图 4 - 1e 所示,花柱长 8.6 mm、直径 0.5 mm,柱头直径 0.7 mm、长 0.4 mm。

根据前述章节 2.2.2 可知番茄花药裂口从柱头下方一直延续到花药底部,构建如图 4 - 2 所示花粉囊裂口,最大裂口位于柱头下方 2 mm 处,裂口最大宽度 0.5 mm,总长 7.8 mm。

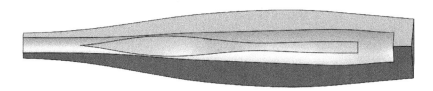

图 4 - 2　花粉囊裂口

花粉颗粒在花粉囊中均匀分布,单个药室内花粉颗粒量为 800 粒左右。将三维模型导入 EDEM 2021 离散元仿真软件中,在药室顶端创建 12 个围绕花柱圆周均布的颗粒产生面,单个面直径为 0.1 mm,如图 4 - 3a 所示。花粉颗粒设置为直径 20 μm 的球形,如图 4 - 3b 所示。

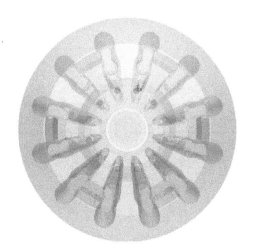 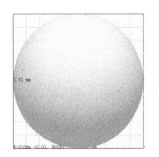

a. 花粉颗粒生产面　　　　　　　b. 花粉颗粒模型

图 4 - 3　颗粒及产生位置

4.2.2 参数设置

根据第3章研究结果,分别定义花粉颗粒、花粉囊、花柱和柱头的弹性模量和表面能参数,具体取值见表4-2。

表4-2 番茄花药离散元仿真材料参数表

组　　织	参　　数	值
花粉颗粒	杨氏模量/Pa	4.82×10^4
	泊松比	0.5
	密度/($kg \cdot m^{-3}$)	1.26×10^3
	表面能(颗粒-颗粒)/($J \cdot m^{-2}$)	5.35×10^{-4}
花粉囊	杨氏模量/Pa	5.51×10^4
	泊松比	0.5
	密度/($kg \cdot m^{-3}$)	1 063.28
	表面能(颗粒-花粉囊)/($J \cdot m^{-2}$)	4.36×10^{-4}
花柱	杨氏模量/Pa	1.01×10^5
	泊松比	0.5
	密度/($kg \cdot m^{-3}$)	1 098.95
	表面能(颗粒-花柱)/($J \cdot m^{-2}$)	3.59×10^{-4}
柱头	杨氏模量/Pa	2.31×10^5
	泊松比	0.5
	密度/($kg \cdot m^{-3}$)	1 098.95
	表面能(颗粒-柱头)/($J \cdot m^{-2}$)	9.39×10^{-4}

对于一个花粉颗粒,其在授粉过程中会受到重力、浮力、曳力、黏附力、摩擦力和外界碰撞力等多种力的共同作用,在这些力的竞争性耦合作用下进行运动。其中,重力约为0.037 nN,柱头对花粉的黏附力高达41.26 nN,黏附力是重力的1 000倍以上,在碰撞接触过程中黏附力占据主导作用。当花粉颗粒离开花药表面,在空气中运动时,由于花粉颗粒自身质量较小,受到曳力作用会很快减速甚至悬浮在空气中做布朗运动。由此可见,授粉过程中曳力也起着至关重要的作用。对此,采取经典 Schiller and Naumann 曳力

模型[167]对花粉-空气系统的曳力进行求解。

4.2.3　恢复系数计算及颗粒生成

目前关于碰撞恢复系数主要有牛顿运动学恢复系数、Poisson 动力学恢复系数和 Stronge 能量恢复系数。EDEM 软件采用牛顿运动学恢复系数，其物理含义为：两个物体发生碰撞后的速度与碰撞前速度的比值。但是对于花粉颗粒的碰撞而言，很难如常规大颗粒农业物料（如小麦和水稻籽粒）那样进行碰撞速度测定。而 Stronge 能量恢复系数为碰撞剩余功和初始功的比值[168]。

如图 4-4 所示，假设整个 AFM 压痕试验中所需外力所做的总功为 W。花粉颗粒初始接触阶段，黏附力做功为 W_{1-}，促进花粉颗粒接触。根据 JKR 理论，在压缩阶段花粉颗粒近似为弹性体，外力做功为 W_{1+}，外力所做的功会转化为花粉颗粒形变势能存储起来，并在分离阶段释放出对应的功 W_{2+}，即 $W_{2+}=W_{1+}$。在花粉颗粒拉伸分离阶段，黏附力会阻碍颗粒的分离，因此需要外力额外做功 W_{2-} 抵消黏附力的阻碍。根据能量守恒定律，$W=W_{2+}+W_{2-}-W_{1-}$，Stronge 能量恢复系数可以表示为 $\dfrac{W_{2+}}{W}$。

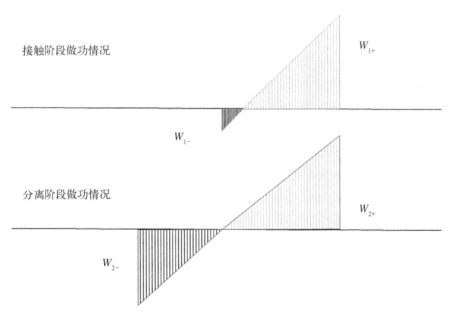

接触阶段做功情况

W_{1+}

W_{1-}

分离阶段做功情况

W_{2+}

W_{2-}

图 4-4　AFM 压痕试验做功分析

结合图 3-10 至图 3-13 所示数据可以计算出花粉-花粉，花粉-花粉囊，花粉-花柱，花粉-柱头几种接触碰撞时的恢复系数分别为 0.14、0.04、0.04、0.07。

由于黏附力对花粉颗粒的运动和分布起着十分重要的作用，为了防止花粉颗粒在生成过程中发生团聚和黏附现象，在颗粒生成阶段，将表面能设置为 0，使用 Hertz-Mindlin(no slip)模型进行花粉颗粒的生成，花粉颗粒初始分布如图 4-5 所示。

图 4-5　花粉颗粒分布图

4.2.4　试验方案

如图 4-6 所示，蜜蜂对番茄授粉时会用下颚咬住花药，同时前脚和后脚抱住花药，使身体蜷缩在花药下方，授粉时胸部肌肉快速震颤，振动通过蜜蜂的下颌骨/头部、胸部和腹部传递到花药，花朵沿着 X 轴或者 Y 轴振动。Rosi-Denadai 等[70]人研究发现，蜜蜂对番茄授粉时，频率在 100~500 Hz 之间，授粉持续时间从几十毫秒到几秒不等[62,63]，振动

a. 蜜蜂授粉图　　　　　　　　　　　　　　b. 仿真示意图

图 4-6　蜂鸣授粉振动方向

幅度一般不超过 0.5 mm[169,170]。

相较于蜂鸣振动,花朵在风力作用下振动频率较低。Timerman 等[113,171] 使用风洞对 36 种植物花朵进行了风力授粉试验,风速分别为 0.66±0.24 m/s、1.26±0.20 m/s 和 2.11±0.14 m/s,研究发现花朵风致振动频率范围为 5～60 Hz,绝大部分花朵振动频率集中于 5～25 Hz,花朵自身固有频率也落在这个范围内[172]。根据第 5 章番茄花朵风致响应试验发现,花朵振幅范围为 10～30 mm。

为了探究振动作用下花粉颗粒的释放—运动—黏附动力学和运动学特征,揭示番茄花粉风致振动授粉机理。本章利用 EDEM 软件对不同振动工况下的番茄花朵授粉过程进行仿真计算,揭示多因素协同作用下的振动授粉机理。如图 4-5 所示,将番茄花药视为一个整体,花柱底部与花药底部刚性连接,花粉颗粒初始时均匀散布于花粉囊中。如图 4-6b 所示,振动坐标系原点位于花托中心处,定义沿花药长度方向为 Z 轴,从花托向花药顶部开口为 Z 轴的正方向。振动类型为正弦振动,曳力模型为 Schiller and Naumann。

风致振动授粉和蜂鸣授粉由于振动频率和振幅差异较大,先进行正交试验探究振动参数对授粉的影响规律,并初步筛选出适宜授粉的振动参数。然后,根据正交试验结果,在一定范围内开展全因素试验,进一步分析和研究。

根据正交试验设计方法,结合试验考察的因素及水平,选用 $L_9(3^4)$ 水平的正交表来安排试验。结合前文分析讨论,各因素水平数值如表 4-3 所示,不考虑因素之间的交互作用。

表 4-3 番茄振动仿真正交实验表

分 组	水 平	因素 A 振动频率/Hz	因素 B 振动幅度/mm	因素 C 振动方向
风致振动	1	10	10	Y 轴
	2	20	20	Z 轴
	3	30	30	Y-Z 平面对角
蜂鸣振动	1	100	0.1	Y 轴
	2	300	0.3	Z 轴
	3	500	0.5	Y-Z 平面对角

使用浪潮计算服务器进行求解计算,处理器为 Inter® Xeon® Gold 6226R 2.90 GHz,内存 128 G,仿真时长为 1 s,单次计算时间约 2 h。

温室番茄无人机授粉技术

4.3 仿真计算结果与分析

4.3.1 风致振动授粉

观测统计柱头上黏附的花粉数量(以下称为黏附数)、从花药中逃逸至花药外部空气中的花粉数量(以下称为逃逸数)、留存于花药内部且未被柱头黏附的花粉数量(以下称为留存数)。

离散元仿真计算结束后,风致振动授粉离散元仿真结果如表 4-4 所示。

表 4-4 风致振动授粉离散元仿真计算结果

仿真工况	频率/Hz	振幅/mm	方　向	黏附数/粒	逃逸数/粒	留存数/粒
W1	10	10	Y 轴	0	0	4 800
W2	10	20	Z 轴	1	1	4 798
W3	10	30	$Y-Z$ 对角线	0	0	4 800
W4	20	10	Z 轴	35	134	4 631
W5	20	20	$Y-Z$ 对角线	31	0	4 769
W6	20	30	Y 轴	0	0	4 800
W7	30	10	$Y-Z$ 对角线	36	0	4 764
W8	30	20	Y 轴	0	0	4 800
W9	30	30	Z 轴	249	258	4 293

从表 4-4 可以发现,工况 W1 和 W3 既无花粉被柱头黏附,也无花粉颗粒从花药中释放,工况 W2 有 1 粒花粉被黏附、1 粒花粉逃逸,工况 W4、W5、W7 和 W9 中柱头成功黏附到了 30 粒以上花粉,工况 W4 和 W9 还出现了花粉从花药中逃逸的现象。

工况 W1(频率 10 Hz,振幅 10 mm,方向 Y 轴)仿真计算结果如图 4-7 所示。由于振动作用无法使花粉颗粒脱离花药黏附,花粉颗粒未出现沿 Y 轴的大范围运动。工况 W1 振动 1 s 后,花药内部花粉颗粒分布情况基本无改变,如图 4-7a 所示。但是花粉颗粒之间存在黏附作用,在振动作用下,小范围的花粉颗粒会相互黏附,呈现如图 4-7b 所示的团聚状态。

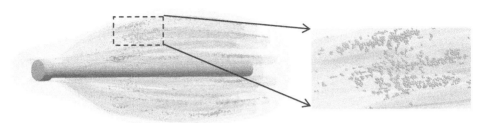

a. 花粉颗粒分布情况　　　　　　　　　　　b. 花粉颗粒团聚

图 4 - 7　工况 W1 仿真计算结果

工况 W2(频率 10 Hz,振幅 20 mm,方向 Z 轴)仿真计算结果如图 4 - 8 所示。

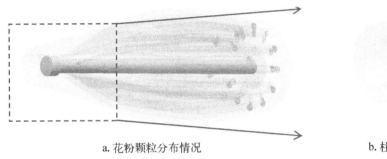

a. 花粉颗粒分布情况　　　　　　　　　　　b. 柱头黏附花粉情况

图 4 - 8　工况 W2 仿真计算结果

在振动作用下,花粉颗粒沿着 Z 轴方向在花药内壁滑动。当花粉与花药底部接触时,由于花药底部垂直于 Z 轴方向,花粉颗粒被花药底部黏附住,振动作用不足以使花粉颗粒挣脱花药底部壁面的黏附,绝大部分聚集于花粉囊底部,少部分聚集于花粉囊上部,只有 1 粒花粉颗粒滑动至柱头上被黏附,另有 1 粒花粉颗粒逃逸出花药。

工况 W3(频率 10 Hz,振幅 30 mm,方向 Y - Z 对角线)仿真计算结果如图 4 - 9 所示。此时,振动仍不足以使花粉颗粒脱离花药的黏附,花粉颗粒沿着振动方向移动,大部分团聚在花药右下角,极少量花粉颗粒聚集在图中左上角花粉囊的顶部。

振动方向

图 4 - 9　工况 W3 仿真计算结果

工况 W4(频率 20 Hz,振幅 10 mm,方向 Z 轴)仿真计算结果如图 4-10a 所示。通过仿真计算发现,振动 1 s 后,柱头上黏附有 35 粒花粉颗粒,有 134 粒花粉从花药中逃逸出去。工况 W9(频率 30 Hz,振幅 30 mm,方向 Z 轴)仿真计算结果与工况 W4 相似,工况 W9 振动频率和振动幅度更大,从而导致更多的花粉颗粒从花粉囊中释放。工况 W9 仿真计算结果如图 4-10b 所示,柱头上黏附的花粉颗粒数量为 249 粒,柱头基本沾满花粉,花粉颗粒的逃逸数为 258 粒。

a. 工况W4

b. 工况W9

图 4-10 工况 W4 和工况 W9 仿真计算结果

图 4-11 工况 W9 花粉颗粒分布情况

分布沿着 Z 轴方向和 Y 轴正方向观测工况 W9 花粉分布情况,如图 4-11 所示。从图中可以发现,花粉颗粒逃逸出来后形成了围绕花朵的一个空心圆柱体,其半径为 5.2 mm,长度为 30 mm。花朵振动过程中不断向空气中释放花粉,花朵附近的花粉颗粒会受到往复振动花朵的推动,向四周扩散,从而形成圆柱形分布。花粉颗粒从花药释放后,由于空气的阻滞作用,很快停止运动。因此,逃逸花粉分布长度与花朵振动幅度相当。

工况 W5(频率 20 Hz,振幅 20 mm,方向 Y-Z 对角线)和工况 W7(频率 30 Hz,振幅 10 mm,方向 Y-Z 对角线)仿真计算结果分布如图 4-12a 和图 4-12b 所示。工况 W5 仿真计算发现,柱头上黏附 31 粒花粉,无花粉颗粒逃逸。由于沿着 Y-Z 对角线振动,花粉颗粒不再呈现沿花柱圆周对称分布,一部分花粉集中于图中左上角花粉囊中,另一部分花粉集中于图中右下角花粉囊中。工况 W7 仿真计算发现,柱头黏附花粉数为 36,逃逸数也为 0,结果如图 4-12b 所示。

a. 工况W5　　　　　　　　　　　　　b. 工况W7

图 4-12 工况 W5 和工况 W7 仿真计算结果

工况 W6(频率 20 Hz,振幅 30 mm,方向 Y 轴)的仿真计算结果如图 4-13a 所示,无花粉颗粒被柱头黏附或逃逸,花粉颗粒只在花药内部的花粉囊中转移运动。工况 W8(频率 30 Hz,振幅 20 mm,方向 Y 轴)也显示出相似的结果,结果如图 4-13b 所示。

a. 工况W6　　　　　　　　　　　　　b. 工况W8

图 4-13 工况 W6 和工况 W8 仿真计算结果

4.3.2 蜂鸣授粉

相较于风致振动,蜂鸣振动频率大幅增加、振动幅度显著减少。蜂鸣振动授粉离散元仿真计算结果如表 4-5 所示。

表 4-5 蜂鸣授粉离散元仿真计算结果

仿真工况	频率/Hz	振幅/mm	方　向	黏附数/粒	逃逸数/粒	留存数/粒
B1	100	0.1	Y 轴	0	0	4 800
B2	100	0.3	Z 轴	0	0	4 800
B3	100	0.5	Y-Z 对角线	0	0	4 800
B4	200	0.1	Z 轴	0	0	4 800
B5	200	0.3	Y-Z 对角线	23	0	4 777
B6	200	0.5	Y 轴	169	181	4 450

续　表

仿真工况	频率/Hz	振幅/mm	方　向	黏附数/粒	逃逸数/粒	留存数/粒
B7	300	0.1	Y-Z 对角线	67	0	4 733
B8	300	0.3	Y 轴	32	1	4 767
B9	300	0.5	Z 轴	230	998	3 572

从表 4-5 可以发现,工况 B1—B4 均未发现柱头黏附花粉和花粉逃逸现象;工况 B5 和 B7 出现柱头黏附花粉,但没有花粉从花药中逃逸;工况 B6、B8 和 B9 同时出现柱头黏附花粉和花粉逃逸,且工况 B9 花粉逃逸数量高达 998 粒。

工况 B1(频率 100 Hz,振幅 0.1 mm,方向 Y 轴)仿真计算结果如图 4-14a 所示。花药内的花粉颗粒出现了明显的团聚现象,花粉颗粒团聚形成的花粉团体积远大于工况 W1 的仿真计算结果。工况 B2(频率 100 Hz,振幅 0.3 mm,方向 Z 轴)、工况 B3(频率 100 Hz,振幅 0.5 mm,方向 Y-Z 对角线)和工况 B4(频率 200 Hz,振幅 0.1 mm,方向 Z 轴)的仿真计算结果分布如图 4-14b、4-14c 和 4-14d 所示,这三次试验的结果与工况 B1 基本一致,花粉颗粒只在各自药室内移动,并在黏附力的作用下团聚形成较大的花粉团。同时,在振动的作用下,花粉颗粒分布向柱头和底部滑移。

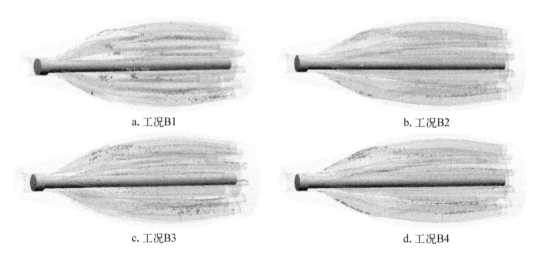

a. 工况B1　　　　　　　　　　　　　　b. 工况B2

c. 工况B3　　　　　　　　　　　　　　d. 工况B4

图 4-14　工况 B1—B4 仿真计算结果

工况 B5(频率 200 Hz,振幅 0.3 mm,方向 Y-Z 对角线)仿真计算结果如图 4-15 所示。柱头黏附花粉数为 23,没有花粉逃逸到空气中。由于振动方向为 Y-Z 对角线,致振动花粉颗粒在花药中分布呈现不均匀状态,图中三角区域内基本上没有花粉颗粒存在。

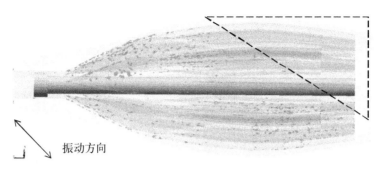

振动方向

图 4 - 15　工况 B5 仿真计算结果

工况 B6(频率 200 Hz,振幅 0.5 mm,方向 Y 轴)仿真计算结果如图 4 - 16a 所示,柱头黏附花粉数为 169,有 181 粒花粉逃逸到空气中。在 Y 轴的振动作用下,部分未被柱头黏附的花粉颗粒堆积在柱头和花药间隙处,沿 Y 轴呈上下对称结构,如图 4 - 16b 中的方框所示。工况 B8(频率 300 Hz,振幅 0.3 mm,方向 Y 轴)仿真计算结果和工况 B6 基本一致,花粉颗粒分布情况如图 4 - 16c 所示,柱头黏附花粉数量为 32,只有 1 粒花粉逃逸到空气中。同时,柱头和花药间隙处也观测到花粉颗粒聚集情况,如图 4 - 16d 中的方框所

a. 工况 B6 花粉部分情况

b. 工况 B6 柱头处花粉黏附情况

c. 工况 B8 花粉部分情况

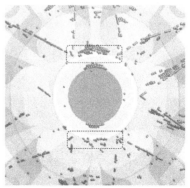

d. 工况 B8 柱头处花粉黏附情况

图 4 - 16　工况 B6 和 B8 仿真计算结果

示。对比工况 B6 和工况 B8 的仿真计算结果可以发现,振动幅度的增加可以显著提高振动授粉黏附数和逃逸数。

工况 B7(频率 300 Hz,振幅 0.1 mm,方向 Y-Z 对角线)仿真计算结果如图 4-17a 所示,柱头黏附花粉数为 67 粒,无花粉逃逸到空气中。振动存在 Y 轴分量,柱头和花药间隙处也观测到花粉颗粒聚集情况,如图 4-17b 所示。对比工况 B7 和工况 B8 可以发现,虽然工况 B7 振动幅度更小,但存在 Z 轴方向的振动,柱头黏附花粉数量反而比工况 B8 要多。

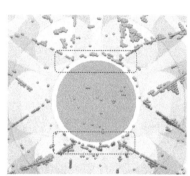

a. 工况B7花粉部分情况   b. 柱头处花粉黏附情况

图 4-17　工况 B7 仿真计算结果

工况 B9(频率 300 Hz,振幅 0.5 mm,方向 Z 轴)仿真计算结果如图 4-18a 所示,柱头黏附花粉数量为 230 粒,花粉逃逸数为 998 粒。花药中留存的花粉颗粒也主要集中在靠近柱头的位置,随着振动时间的延长,花药内留存的花粉数逐渐减小,直至达到最小值 550 粒左右,如图 4-18b 所示。

a. 振动1 s后   b. 振动3 s后

图 4-18　工况 B9 仿真计算结果

4.3.3　风致振动授粉全因素仿真

工况 W2 有且只有 1 粒花粉黏附和 1 粒花粉逃逸,因而工况 W2 对应的振动参数可被视为风力振动授粉的最低阈值。为了进一步探究番茄花朵风致振动授粉过程中振动频率和振动幅度对黏附数、逃逸数的作用关系,探究最高振动参数,并寻找出适宜授粉的工况,为后续研究提供基础数据,结合已有工况 W2、W4 和 W9 的仿真计算结果,对风致振动授粉开展全因素仿真研究,补充表 4-6 中 Q1—Q8 所示工况的仿真,振动方向均为 Z 轴,仿真计算时间为 1 s。

表 4-6　风致振动授粉全因素仿真工况表

仿真工况	频率/Hz	振幅/mm	黏附数/粒	逃逸数/粒
W2	10	20	1	1
Q1	10	30	43	75
W4	20	10	35	134
Q2	20	20	100	119
Q3	20	30	134	122
Q4	30	10	61	162
Q5	30	20	153	172
W9	30	30	249	258
Q6	40	40	198	1 838
Q7	50	50	1	4 523
Q8	60	60	—	—

注:工况 Q8 出现花粉穿透花朵现象,因此未统计黏附数和逃逸数。

仿真计算完成后分别统计黏附数、逃逸数,后续将根据式(4-3)计算对应加速度和峰值速度。

利用双因素方差分析研究振动频率和振动幅度对于黏附数的影响关系,结果表明:振动频率呈现出显著性($F=10.151,p=0.027<0.05$),说明主效应存在,振动频率会对黏附数产生差异关系;振动幅度没有呈现出显著性($F=6.259,p=0.059>0.05$),说明振动幅度并不会对黏附数产生差异关系。黏附数和逃逸数之间的相关系数值为 0.852,并且呈现出 0.01 水平的显著性,因而说明黏附数和逃逸数之间有着显著的正相关关系。

通过表 4-6 发现,振动频率 30 Hz、振动幅度 30 mm 时,柱头黏附的花粉颗粒最多,为 249 粒。继续提高振动频率和振动幅度并不会增加柱头的黏附数,工况 Q6(频率 40 Hz,振幅 40 mm)的黏附数为 198 粒,而工况 Q7(频率 50 Hz,振幅 50 mm)的黏附数仅为 1 粒。

工况 Q8(频率 60 Hz,振幅 60 mm)的仿真计算结果如图 4-19 所示,由于振动过于激烈,导致大量花粉颗粒穿透柱头逃逸而出。

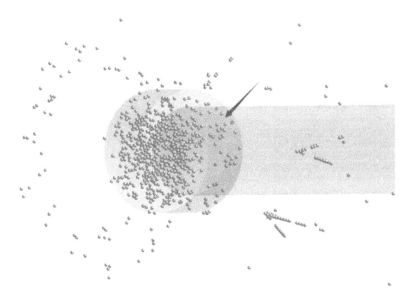

图 4-19 工况 Q8 仿真计算结果

工况 Q1、W4、Q2、Q3、Q4、Q5 和 W9 对应的黏附数都超过了 30 粒,具有更好的授粉可靠性,尤其是工况 W9 对应的黏附数高达 249 粒。对于番茄而言,黏附数 30 粒以上时就可以保证可靠授粉。

4.3.4 振动参数对授粉影响

（1）振动授粉极差分析

为研究风致振动和蜂鸣振动授粉过程中振动参数对授粉的影响规律,对表 4-4 和表 4-5 进行极差分析,建立如表 4-7 和表 4-8 所示极差分析表。

表 4-7 风致振动极差分析表

项	水 平	频率/Hz	振幅/mm	方 向
	1	0.00	71.00	0.00
K	2	66.00	31.00	67.00
	3	285.00	249.00	284.00

续　表

项	水　平	频率/Hz	振幅/mm	方　向
$\overline{K}$	1	0.00	23.67	0.00
	2	22.00	10.33	22.33
	3	95.00	83.00	94.67
较优水平		3.00	3.00	3.00
R		73.00	72.67	72.33
水平数量		2.00	3.00	2.00
每水平重复数 r		4.00	3.00	4.00
折算系数 d		0.71	0.52	0.71
R'		103.66	65.45	102.71

表 4-8　蜂鸣振动极差分析表

项	水　平	频率/Hz	振幅/mm	方　向
K	1	0.00	67.00	201.00
	2	192.00	55.00	90.00
	3	329.00	399.00	230.00
$\overline{K}$	1	0.00	22.33	67.00
	2	64.00	18.33	30.00
	3	109.67	133.00	76.67
较优水平		3.00	3.00	3.00
R		45.67	114.67	46.67
水平数量		2.00	3.00	3.00
每水平重复数 r		4.00	3.00	3.00
折算系数 d		0.71	0.52	0.52
R'		64.85	103.28	42.03

通过表 4-7 可以发现,在所选取的振动参数范围内,风致振动授粉的较优水平为 30 Hz、30 mm、Z 轴方向的振动,三个因素之间的主次顺序依次为振动频率＞振动方向＞振动幅度。

通过表 4-8 可以发现,蜂鸣振动授粉的较优水平为 300 Hz、0.5 mm、Z 轴方向的振动,三个因素之间的主次顺序依次为振动幅度＞振动频率＞振动方向。通过极差分析发现,蜂鸣振动授粉受振动频率、幅度和振动方向三者共同作用的影响。

(2)最大加速度和峰值速度对振动授粉影响

振动对花粉颗粒产生作用力与振动频率的平方和振动幅成正比,见下式。

$$\begin{cases} a = \dfrac{f^2}{500} Dg \\ v = \pi fD \end{cases} \tag{4-3}$$

式中：a ——最大加速度,m/s²;

f ——振动频率,Hz;

D ——振动幅度,mm;

g ——当地重力加速度;

v ——峰值速度,m/s。

更大的振动频率和振动幅度会使花粉颗粒受到的激振力更大,从而导致花粉颗粒在花药内的运动更为激烈,花粉颗粒更容易运动至柱头附近发生黏附和逃逸。两组试验对应的最大加速度和峰值速度如表 4-9 所示。

表 4-9　振动授粉最大加速度和峰值速度表

仿真工况	W1	W2	W3	W4	W5	W6	W7	W8	W9
$a/(\mathrm{m \cdot s^{-2}})$	19.64	39.28	83.31	78.56	222.17	235.68	249.94	353.52	530.28
$v/(\mathrm{m \cdot s^{-1}})$	0.31	0.63	0.94	0.63	1.26	1.88	0.94	1.88	2.83
仿真工况	B1	B2	B3	B4	B5	B6	B7	B8	B9
$a/(\mathrm{m \cdot s^{-2}})$	19.64	58.92	138.85	176.76	749.82	883.80	694.27	1 473.00	2 455.00
$v/(\mathrm{m \cdot s^{-1}})$	0.03	0.09	0.16	0.09	0.28	0.47	0.16	0.47	0.79
仿真工况	Q1	Q2	Q3	Q4	Q5	Q6	Q7	Q8	
$a/(\mathrm{m \cdot s^{-2}})$	58.92	157.12	235.68	176.76	353.52	1 256.96	2 455	4 242.24	
$v/(\mathrm{m \cdot s^{-1}})$	0.94	1.26	1.88	0.94	1.88	5.03	7.85	11.31	

根据表 4-9 结果,分别按照最大加速度和峰值速度对仿真计算结果进行排序,得到如图 4-20 所示柱状图。

从图 4-20a 可以发现,最大加速度低于 $58.92\ \text{m/s}^2$ 时(工况 Q1 和 B2),花粉颗粒在重力、曳力、浮力、黏附力等多种力的耦合作用下难以发生大幅度的位移,番茄花朵不具备授粉能力。最大加速度处于 $58.92\sim2\,455.00\ \text{m/s}^2$ 范围内时,共有 19 组仿真计算,其中 15 组成功黏附到花粉,占比为 78.9%。这表明,无论振动方向如何,当最大加速度大于 $58.92\ \text{m/s}^2$ 时,花药的振动较为激烈,进一步导致花药内花粉颗粒的运动学和动力学特性显著增加,花朵柱头有非常大的概率黏附到花粉。尤其是最大加速度介于 $353.52\sim2\,455.00\ \text{m/s}^2$ 时,所有的仿真计算均成功实现了授粉。当最大加速度超过 $2\,455.00\ \text{m/s}^2$ 时(工况 Q7),黏附数从 230 粒急剧减小至 1 粒。可见,一味增加最大加速度并不会提

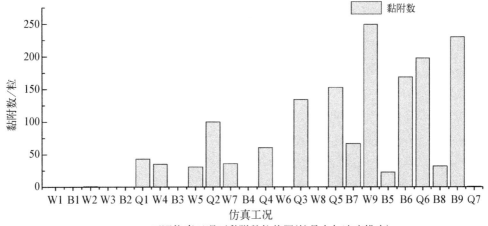

a. 不同仿真工况下黏附数柱状图(按最大加速度排序)

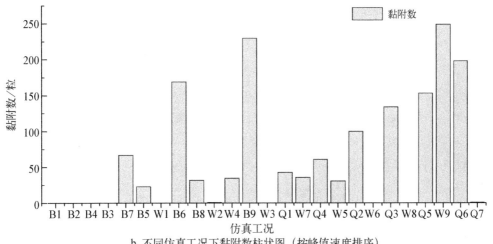

b. 不同仿真工况下黏附数柱状图 (按峰值速度排序)

图 4-20　不同仿真工况下黏附数柱状图

高授粉率,甚至会导致花朵的振动损伤。

从图 4-20b 可以发现,峰值速度在 0.2~5.0 m/s 范围内的共有 20 组仿真计算,其中 15 组成功授粉,占比为 75%。这表明,峰值速度与黏附数之间也存在着较为紧密的联系。当峰值速度处于该区间时,番茄花朵也具有很高的授粉可能。

由图 4-20 结合表 4-9 可以发现,工况 W6 和工况 W8 的最大加速度均大于 235 m/s²,对应的峰值速度也大于 1.8 m/s,由前述表 4-4 可知两种工况的振动方向均为 Y 轴。这表明,不能单纯以最大加速度和峰值速度作为判断番茄花朵能否进行振动授粉的依据,必须同时考虑振动方向对振动授粉的影响。

（3）振动方向对振动授粉影响

无论是风致振动授粉还是蜂鸣振动授粉,均是沿着 Z 轴方向的振动最有利于授粉。这主要是由于花粉囊裂口沿 Z 轴方向纵裂,裂口朝向花柱,花药顶端开口朝向 Z 轴正方向。当花药沿着 Z 轴振动时,花粉颗粒运动也沿着 Z 轴方向,花粉颗粒更容易运动到柱头附近。

当花药沿 Y 轴振动时,花粉颗粒主要运动方向为 Y 轴,花粉颗粒较难被柱头黏附。风致振动授粉仿真中,所有沿 Y 轴的试验（工况 W1、W6、W8）均未黏附,所有成功黏附数>35 的仿真计算（工况 W4、W5、W7、W9）均存在 Z 轴方向的振动。当振动较为剧烈时,花粉颗粒在花药内发生激烈碰撞后可以产生 Z 轴方向的速度分量,因此工况 B6 虽然为 Y 轴振动,但是柱头也出现了花粉颗粒黏附的现象。

工况 W3、W5、W7 和工况 B3、B5、B7 的振动方向均为 Y-Z 对角线,其中除了振动强度较低的工况 W3 和 B3 未黏附,其余几组均成功黏附,且工况 W5、W7 和工况 B5、B7 的花粉逃逸数均为 0,花朵能否授粉与振动强度密切相关。

对比表 4-4 和表 4-5 发现,风致振动的授粉工况 W9 和蜂鸣授粉工况 B9 柱头黏附花粉数量较为接近,这表明特定条件下风致振动授粉可以达到蜂鸣授粉相同的效果。但工况 W9 逃逸数为 258 粒,工况 B9 逃逸数为 998 粒。这主要是因为,花粉从花药中逃逸出来主要依赖于振动时产生的离心力作用,而花粉离心力与振动频率的平方成正比关系,蜜蜂授粉时蜂鸣频率远高于飞行状态,通过提高蜂鸣频率,蜜蜂可以更容易采集花粉,这也是蜜蜂与花朵相互进化产生的结果。通过离散元仿真计算得到的柱头黏附和花粉逃逸与真实现象高度吻合,从侧面说明基于离散元方法对振动授粉过程进行仿真计算的可靠性。

（4）振动时间对振动授粉影响

为了研究柱头黏附花粉及花粉逃逸速率,构建如图 4-21 所示风致振动作用下振动时间与黏附数、逃逸数关系曲线。从图 4-21 可以发现,花粉黏附和逃逸在很短时间内（小于 0.4 s）达到饱和稳定状态,之后黏附数和逃逸数并不随时间的增加而变化。

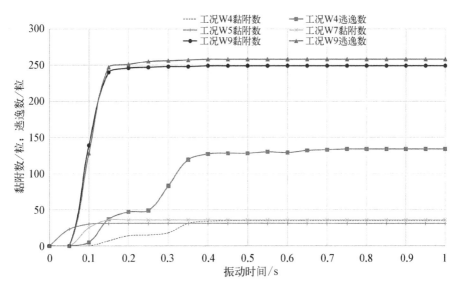

图 4-21　振动时间-黏附数/逃逸数关系曲线(风致振动)

将工况 B9 的振动时间延长至 3 s,构建黏附数和逃逸数与振动时间的关系曲线,如图 4-22 所示。

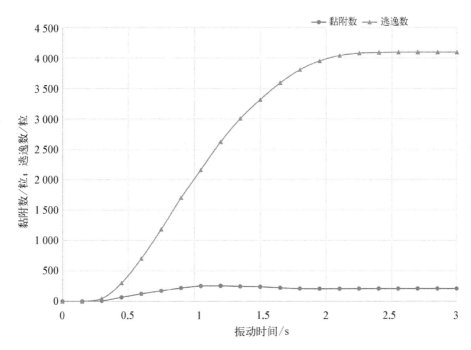

图 4-22　振动时间-黏附/逃逸关系曲线(蜂鸣振动工况 B9)

通过图 4-22 可以发现,0~1 s 内黏附数随振动时间延长而增加,在 1 s 左右黏附数达到峰值,柱头最大黏附数约为 250 粒;当柱头黏附数达到饱和后,黏附数不随振动时间而明显变化；0～2.1 s 内，逃逸数随着振动时间的增加而持续变大，2.1 s 时达到峰值 4 000 粒，随后不再变化。

相较于风致振动，蜂鸣授粉时花药振动剧烈，花粉颗粒在花药内更容易游走运动，更长的振动时间会增加黏附和逃逸概率。在实际蜂鸣授粉过程中，蜜蜂通常会通过延长振动时间来收集更多的花粉。

4.4 试验验证

采摘当日盛开的番茄花朵，剪去萼片和花瓣，保留 5 mm 左右花梗。将固体胶填充入 1.5 mL 容量的离心管底部，填充高度约 0.5 cm。离心管上盖内表面涂抹凡士林，用于收集逃逸的花粉颗粒。将花朵花柄放置于固体胶中，花朵与离心管四周不发生接触。带石蜡冷却后，将离心管与筋膜枪枪头用胶带小心地捆绑在一起。试验验证装置如图 4-23 所示，筋膜枪把手用台钳固定，枪头在垂直方向单向往复振动。

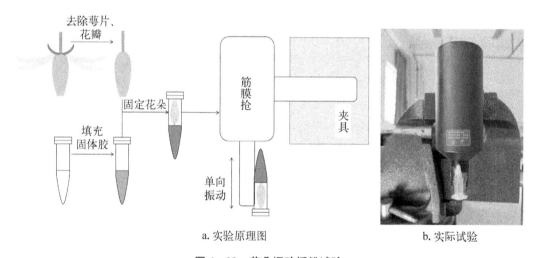

a. 实验原理图   b. 实际试验

图 4-23　花朵振动授粉试验

使用动态信号分析系统（DH5902）实测得到筋膜枪（MJJMQ01-ZJ）三个档位振动频率分布为 30±3 Hz、40±4 Hz 和 53±5 Hz，单向振动幅度为 10 mm。使用上述三个档位对花朵进行振动，振动时长 5 s。

振动结束后将花朵取出，解剖观测柱头黏附花粉颗粒情况和离心管盖上花粉颗粒黏附情况。使用离散元方法对验证试验的三种工况进行仿真计算，试验和仿真结果如表 4-10 所示。

表 4-10　仿真和验证试验结果

振 动 参 数		黏附数/粒		逃逸数/粒	
频率/Hz	振幅/mm	试验值	仿真值	试验值	仿真值
30±3	10	95	61	231	162
40±4	10	68	81	164	192
53±5	10	118	149	175	204

通过表 4-10 可以发现,试验和仿真黏附数最大误差 35.6%、平均误差 27.1%,逃逸数最大误差 29.9%、平均误差 21.2%,仿真数据较为可靠。

试验数据和仿真数据差异主要来源于以下几个方面:仿真时忽略了花朵的变形,而实际试验时花朵会发生变形,从而影响花粉颗粒的释放和黏附;番茄花朵生长多样性导致试验花朵之间形态、力学特性和花粉分布等存在差异,试验花朵与仿真花朵也存在差异;仿真时花朵为严格的一维振动,而验证试验无法做到;花粉黏附力受湿度影响较大,AFM 测试得到的黏附力和验证试验时存在差异。

4.5　讨论

通过仿真计算发现,番茄振动授粉与振动频率、振动幅度和振动方向均存在密切相关,蜂鸣振动授粉振动参数的主次顺序依次为振动幅度＞振动频率＞振动方向,风致振动授粉振动参数的主次顺序依次为振动频率＞振动方向＞振动幅度。

振动时间对柱头黏附花粉的帮助较小,增加振动时间不会显著提高柱头黏附花粉的数量。振动授粉过程中,花粉颗粒的黏附和逃逸都极为迅速,大部分的柱头黏附和花粉逃逸发生在振动开始的 0.4 s 内。对蜂鸣授粉而言,更长的振动时间往往意味着更多的花粉逃逸,蜜蜂通过多次访花或者延长振动时间可以采集到更多的花粉颗粒。但是当振动时间超过 2.1 s 后,花药内剩余的花粉颗粒将与花药组织形成牢固的黏附关系,增加振动时间对花粉颗粒逃逸的促进作用急剧下降。

对于蜂鸣振动授粉而言,振动幅度的影响最大,振动频率次之,振动方向影响最小。蜂鸣授粉时花药振动剧烈,花粉颗粒在花药内更容易游走运动,增加振动时间会增加花粉逃逸数。在实际蜂鸣授粉过程中,蜜蜂通常会通过延长振动时间或者多次访花来收集更多的花粉,据统计一朵花平均会被蜜蜂采集 3 次花粉(最多为 11 次)[173]。De Luca

等[170]研究发现,更大的振动幅度和更长的振动时间可以增加花粉逃逸数,但是当超过一定范围后,花粉逃逸数的增长幅度逐渐减弱。对于蜜蜂而言,更大的体型会产生更大的蜂鸣振动幅度、更好的视力、更长的飞行距离和更卓越的体温调节能力。因此,体型较大的蜜蜂负责采集花粉,而体型较小的蜜蜂往往留在巢穴中照顾发育中的幼虫[174]。

振动幅度对蜂鸣授粉的作用已被广泛认可,但是振动频率的影响尚无定论[63,65,170]。通过仿真研究发现,100～300 Hz的振动频率均可使番茄花朵产生明显的花粉黏附和逃逸,与Rosi-Denadai等[70]的试验数据相吻合。根据第3章可知,花粉颗粒之间的最大黏附力为11.76 nN、范德华力为0.8～1.7 nN,使得粉颗粒具有很强的黏附特性,可以忽略其重力的影响。因此,花粉颗粒很难像一般大尺寸颗粒系统那样在特定振动频率下表现出颗粒流化现象[175]。此外,由于番茄花朵质地柔软,花朵细胞组织具有很强的阻尼,外界振动通过花朵传递到内部时,振动频率会出现大幅度的衰减。部分研究[62,64]认为,花朵的机械力学特性可能导致存在着某一特定频率更适合在花朵上传递的振动频率。但在100～1 600 Hz的范围内,蜂鸣振动在番茄花朵内传播时均出现了明显的过滤。这种频率过滤现象可能与花朵的自我保护有关,可以有效防止花朵内的花粉被蜜蜂过度采集。蜂鸣振动授粉的较优水平为300 Hz、0.5 mm振幅、Z轴方向的振动。

对于风致振动授粉,振动频率对授粉的影响最大,振动方向次之,振动幅度对授粉的影响最小。风致振动授粉过程中,花粉颗粒为了突破黏附力的限制,需要较大的激振力。激振力与振动过程中受到的加速度成正比,而最大加速度与振动频率的二次方成正比,与振动幅度的一次方成正比。由于植物花朵部位木质素含量较少,带花侧枝较为柔软。根据第5章的风致振动试验发现,在风力作用下,花朵的风致振动频率从几赫兹到几十赫兹范围内变化,而振动幅度随风速的变化幅度较小,大部分振幅为10 mm左右。振动频率对风致振动授粉的影响最大,振动幅度对风致振动授粉影响不大。振动频率20 Hz以上,20 mm振幅对应的黏附数都超过了100粒,具有更好的授粉可靠性,尤其是工况W9对应的黏附数高达249粒。对于风致振动授粉而言,上述几个工况均适宜授粉。

花粉颗粒在花药内的运动还受制于花药微观结构。根据第2章研究可知,番茄花药结构封闭,柱头藏于花药内部,花粉囊内部纵向开裂,最大裂口位于柱头下方花药径向结构突变处。当花药沿着Z轴振动时,花粉颗粒也会沿着Z轴方向运动,更容易从花粉囊裂口处释放,并从柱头和花药之间的间隙运动到柱头附近,从而被柱头黏附,完成授粉。由于风致振动强度较低,振动方向对授粉起着次要作用。由于蜂鸣授粉振动强度较高,花粉颗粒受到的激振力很大,花粉颗粒在花药内运动轨迹更加随机,花药结构对花粉颗粒的运动限制较少。因此,对于蜂鸣授粉而言,振动方向起的作用最小。

综上所述,在适宜的振动参数下,风致振动授粉可以取得与蜂鸣授粉相似的授粉效果,具有很好的授粉能力,而且绿色环保,是一种较为理想的新型授粉方式,值得深入研究。风致振动授粉受振动频率的影响最大,因而对风源的风力参数的要求较高。此外,振动方向对风致振动授粉也有着较大影响,沿着花朵轴向的振动更利于授粉。相较于自然风,无人机下洗流场具有风速大、湍流程度高和时空脉动特性强等优点,可以使番茄花朵产生较高的振动频率。而且下洗流场自上而下流动,与自然风水平方向流动截然不同。根据第 2 章研究可知,番茄花朵向下生长,水平自然风使番茄花朵产生水平方向的振动,下洗流场更容易使番茄花朵产生垂直方向的振动,利于风致振动授粉。同时,无人机机动性强、操作性好、维护成本低,已在农业生产中取得了广泛应用。因此,选取无人机作为番茄风致振动授粉的风源。但下洗流场作用下番茄花朵风致振动规律尚不清楚,对此后续章节将开展进一步研究。

4.6　本章小结

① 试验测的番茄花粉密度为 $1\,259.755\,\mathrm{kg/m^3}$,单个花朵的花粉数量为 4 863 粒。花粉-花粉、花粉-花粉囊、花粉-花柱、花粉-柱头几种接触碰撞时的恢复系数分别为 0.14、0.04、0.04、0.07。

② 30 Hz、30 mm、Z 轴方向的振动参数下,柱头黏附的花粉数最多。振动参数的主次顺序依次为振动频率>振动方向>振动幅度。蜂鸣振动授粉的较优水平为 300 Hz、0.5 mm、Z 轴方向的振动,三个因素之间的主次顺序依次为振动幅度>振动频率>振动方向。

③ 最大加速度低于 $58.92\,\mathrm{m/s^2}$ 时,番茄花朵不具备授粉能力。最大加速度大于 $58.92\,\mathrm{m/s^2}$ 时,花朵具有较高的授粉概率。当最大加速度介于 $353.52\sim2\,455.00\,\mathrm{m/s^2}$ 时,花朵授粉可能性极高。但是当最大加速度超过 $2\,455.00\,\mathrm{m/s^2}$ 时,花朵授粉可能性急剧下降。盲目增加最大加速度并不会提高授粉率,甚至会导致花朵的振动损伤。

④ 无论是风致振动授粉还是蜂鸣振动授粉,沿着 Z 轴方向的振动最有利于授粉。

⑤ 花粉黏附和逃逸在很短时间内(小于 0.4 s)达到饱和稳定状态,之后黏附数和逃逸数并不随时间的增加而变化。

第 5 章

下洗流场作用下番茄花朵
风致振动规律

随着多旋翼无人机技术的发展和成熟,在农业上利用多旋翼无人机进行植保作业[176]或者低空遥感信息采集[177]越来越普及。多旋翼无人机以四旋翼和六旋翼为主,其中四旋翼主要应用于微型和小型无人机,六旋翼主要用于中大型无人机。多旋翼无人机通过旋翼的高速转动诱导出的下洗流场提供升力,旋翼转速一般可达 5 000 r/min,因此旋翼正下方下洗流场速度可达 20 m/s 以上,且下洗流场主要集中于无人机下方[178]。无人机下洗流场有湍流度高、时空脉动特性强、风场能量集中等特点,不同于自然风的水平流动,下洗流场从上往下垂直发展,可以使番茄花朵发生复杂的风致振动,为番茄授粉带来了新的解决思路。

但是,无人机下洗流场作用下的番茄花朵的风致响应特性尚不清楚。因此,本章将通过试验方法研究不同无人机下洗流场分布特性和下洗流场作用下番茄花朵风致振动特性,揭示下洗流场与番茄花朵风致振动之间的内在联系,优化选择适宜授粉的下洗流场风力参数,为后续授粉无人机的研发提供理论和数据支撑。

5.1 无人机下洗流场测量试验

5.1.1 试验材料与方法

番茄设施栽培行间距一般为 50~80 cm,无人机长、宽尺寸不宜超过 50 cm。在考虑温室空间、种植行间距和植株形貌的前提下,选择如图 5-1 所示 2 种四旋翼无人机作为研究对象。

小型无人机(TELLO)、中型无人机(E360),具体参数如表 5-1 所示。

a. TELLO　　　　　　　　　　　　　　b. E360

图 5-1　试验无人机

表 5-1　无人机参数

无人机型号	TELLO	E360
尺寸(长×宽×高)/mm³	98×92.5×41	430×430×250
对角线轴距/mm	118	360
重量/g	80	1 220
桨叶数量/叶	4	4
桨叶规格(桨距×半径)/mm²	76.2×111.76	203.2×114.3

　　由于 TELLO 无人机和 E360 无人机在旋翼规格、转速、轴距、自重等多个方面存在差异,从而导致诱导出的下洗流场截然不同。为了研究两种机型下洗流场分布特性,搭建如图 5-2 所示无人机下洗流场测试装置。使用三维超声波风速仪(WindMaster

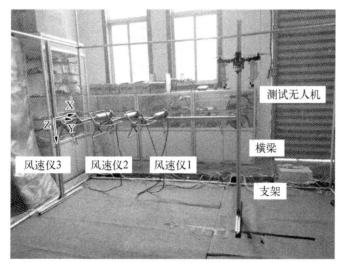

图 5-2　无人机下洗流场测试装置

1590-PK-020/W,GILL 公司,英国)对下洗流场进行测量。三维超声波风速仪主要技术参数为:风速范围 0～50 m/s,测量精度 0.001 m/s,采样频率 20 Hz 或 32 Hz,方向范围 0～360°,方向精度 0.1°。

研究所用温室的栽培槽宽度为 0.6 m,番茄第一花序高度为 0.5 m。因此,试验时风速仪安装间距为 0.3 m,横梁高度 0.5 m。无人机在风速仪 1 的正上方悬停飞行,飞行高度分别为 1.0 m、1.3 m 和 1.5 m。待无人机高度稳定后,风速仪采样频率设置为 20 Hz,进行下洗流场风速测量。

5.1.3 下洗流场风速数据处理

为了减少在传输和采集过程中风速仪数据丢失或损坏引起的异常数据干扰,并确保收集数据的可靠性,对收集到的风速数据的时间序列单调性进分析,剔除无效数据。对于各种干扰而造成样本数据不完整的情形,丢弃部分没有采集完整的样本。

下洗流场具有很强的时空波动特性,是典型的湍流流场,平均风速或最大风速不能反映下洗流场的真实特性。湍流强度是描述风速随时间和空间变化的程度,反映脉动风速的相对强度,是描述气流湍流运动特性的最重要的特征量。引入湍流强度 I 用于描述下洗流场的特征[179],其表达如下式。

$$I = \frac{\sigma}{\bar{v}_{\text{wind}}} \times 100\% \tag{5-1}$$

式中:σ ——风速标准差,m/s;

$\bar{v}_{\text{wind}}$ ——平均风速,m/s。

5.1.4 试验结果与讨论

(1) TELLO 无人机下洗流场分布特性

TELLO 无人机以 1 m 高度悬停时,下方风速仪 1 采集到的风速数据如图 5-3 所示。

此时,最大风速为 6.9 m/s,最小风速为 2.8 m/s,平均风速为 4.5 m/s,湍流强度为 16.9%,风速脉动频率约 6 Hz。与 E360 无人机下洗流场分布特性类似,TELLO 无人机下洗流场也是垂直向下发展,水平方向速度分量很小。

TELLO 无人机以 1.3 m 高度悬停时,下方风速仪 1 采集到的风速数据如图 5-4 所示。

由图 5-4 可以发现,悬停高度为 1.3 m 时,最大风速为 5.1 m/s,最小风速 1.9 m/s,

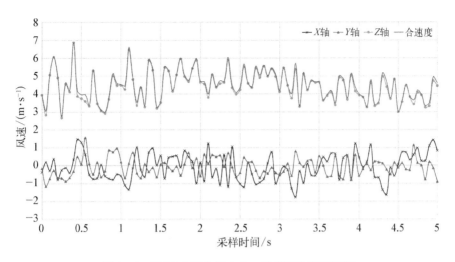

图 5 - 3　TELLO 无人机 1.0 m 悬停下洗流场风速

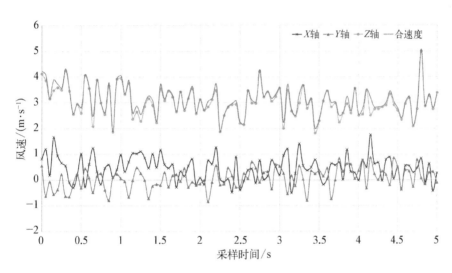

图 5 - 4　TELLO 无人机 1.3 m 悬停下洗流场风速

平均风速 3.1 m/s,湍流强度 18.2%。

　　TELLO 无人机 1.5 m 高度悬停时,下方风速仪 1 采集到的风速数据如图 5 - 5 所示。

　　由图 5 - 5 可以发现,悬停高度为 1.5 m 时,最大风速为 3.4 m/s,最小风速 0.5 m/s,平均风速 2.1 m/s,湍流强度 29.2%。在 1 s 内,风速波动次数均为 6 次。随着飞行高度的增加,TELLO 无人机下洗流场风速明显下降。4~5 s 下洗流场 Z 轴方向风速出现显著降低。这是由于 TELLO 无人机机型尺寸较小,当悬停高度较高时,下洗流场在垂直方向经过长距离发展,下洗流场大涡破碎成许多湍流度较高的向四周发散的小尺寸涡系,从而导致垂直方向风速下降。

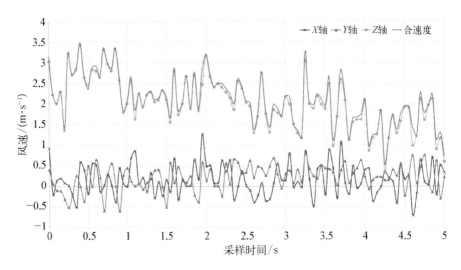

图 5-5　TELLO 无人机 1.5 m 悬停下洗流场风速

通过下洗流场风速风向测量试验发现：下洗流场主要集中于无人机正下方，垂直向下发展，未抵达地面前，在水平方向扩散不明显；下洗流场最大风速、平均风速均随着无人机飞行高度的增加而降低，湍流强度随着飞行高度增加而增加。

（2）E360 无人机下洗流场分布特性

当 E360 无人机以 1 m 高度悬停飞行时，正下方风速仪 1 记录的三维风速风向数据如图 5-6 所示。

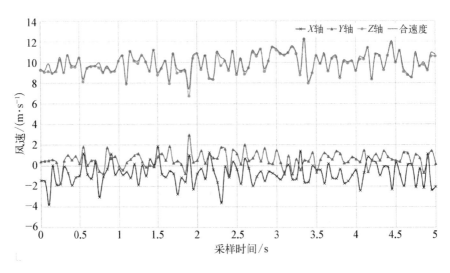

图 5-6　E360 无人机 1m 悬停时 1 号风速仪风速

从图 5-6 可以发现，下洗流场垂直向下流动（Z 轴），三个方向合速度曲线与 Z 轴分速度曲线基本重合，表明垂直方向的速度占据绝对主导，水平方向速度很小。图中最大风速为 12.4 m/s,最小风速 7.4 m/s,平均风速 10.0 m/s,湍流强度为 9.7%。下洗流场波峰-波峰的脉动转换频率约 7 Hz。与此同时,风速仪 2 和风速仪 3 采集到的风速十分微弱,风速仪数据如图 5-7 所示。

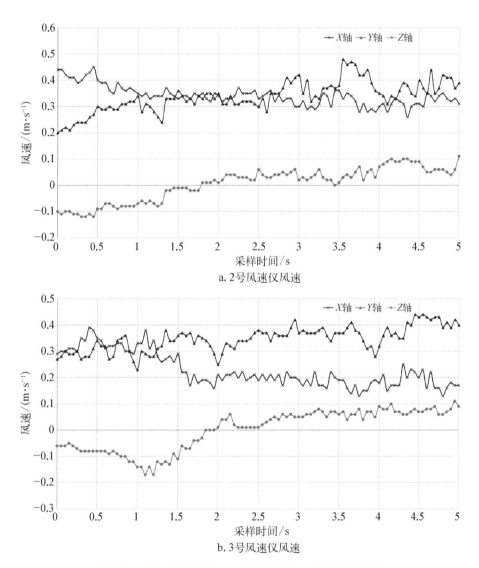

a.2号风速仪风速

b.3号风速仪风速

图 5 - 7　E360 无人机 1 m 悬停时 2 号、3 号风速仪风速

从图 5-7 可以发现,两台风速仪的数据中的最大风速只有 0.5 m/s,平均风速仅为 0.4 m/s。E360 无人机 1 m 高度悬停飞行时,下洗流场仍集中于旋翼正下方区域,侧方受到下洗流场的影响较小。

无人机飞行悬停高度提高至 1.3 m 时,风速仪数据如图 5-8 所示。如图 5-8a 所示,此时下洗流场仍然沿着垂直方向(Z 轴)发展,合速度曲线与 Z 轴分速度曲线仍然

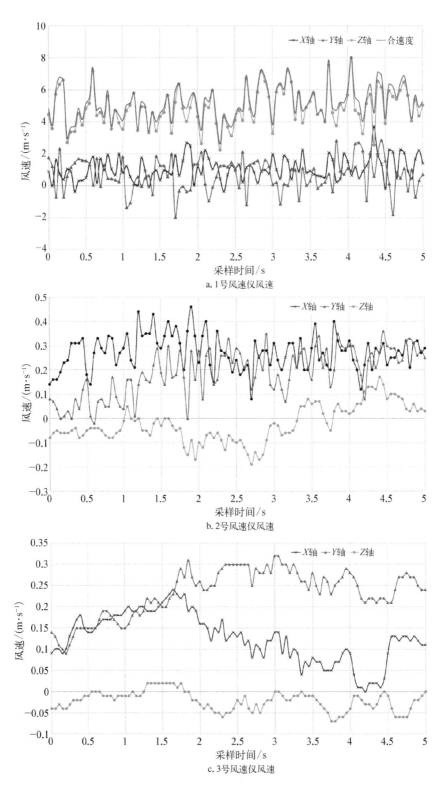

a. 1号风速仪风速

b. 2号风速仪风速

c. 3号风速仪风速

图 5-8　E360 无人机 1.3 m 悬停时下洗流场风速

高度重合,水平方向速度很小。随着悬停高度的增加,下洗流场风速下降明显,最大风速为 8.1 m/s,最小风速 2.6 m/s,平均风速 5.2 m/s,湍流强度变为 21.2%,风速脉动频率约 6 Hz。

风速仪 2 和风速仪 3 风速分别如图 5-8b 和图 5-8c 所示,最大风速、平均风速等数值与 1 m 悬停高度时基本无变化。

当悬停高度增加到 1.5 m 时,如图 5-9 所示,最大风速和最小风速进一步降低至 5.6 m/s、2.1 m/s,平均风速减小为 4.0 m/s,湍流强度为 15.5%,风速脉动频率约 6 Hz。风速仪 2 和风速仪 3 检测到的最大风速为 0.5 m/s,平均风速为 0.3 m/s。

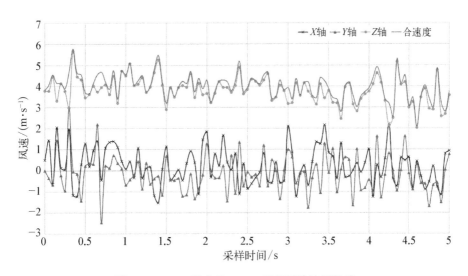

图 5-9　E360 无人机 1.5 m 悬停下洗流场风速

5.2　番茄花朵风致振动特性研究

5.2.1　试验材料与方法

为探究无人机下洗流场作用下番茄花朵风致振动特性,开展如图 5-10 所示风致振动试验。使用高速摄像系统采集番茄花朵风致振动图像,主要技术参数为:分辨率 1 280×1 024(2 000 帧/s),最高帧速率 10 000 帧/s,快门速度 2.16 μs。高速摄像 1 位于番茄左侧,高速摄像 2 位于番茄右侧,分别采集第一花序和第二花序的风致振动图像。高速摄像帧速率为 120 帧/s,单次采样时间约 10 s。风速仪安装于番茄第一花序和第二花序中间的位置,高度约 0.5 m。两种无人机分别以 1.5 m、1.3 m 和 1 m 高度悬停,共计 6 组试验。无人机采取定高模式低速(0.1 m/s)飞行,飞抵风速仪上方后悬停 10 s,待下洗流场发展稳定后进行采样测量。

试验时温度 26℃,相对湿度 70%。试验测试所用番茄按照 2.1.1 章节所述方案育苗、定植和管理。测试时番茄植株平均高度为 0.4 m,开有 2 个花序,第一花序着生节位为 8,第二花序着生于第 12 节位。

图 5 - 10 番茄花朵风致振动试验

5.2.2 高速摄像图像标定

高速摄像拍摄得到的番茄花朵图像只有像素信息,为了得到花朵实际振幅,需要对相机进行标定。相机成像系统中,共包含四个坐标系,分别为世界坐标系、相机坐标系、图像坐标系和像素坐标系。根据相机成像原理,像素坐标和世界坐标之间符合以下关系。

$$Z\begin{pmatrix} u \\ v \\ 1 \end{pmatrix} = \begin{pmatrix} \dfrac{1}{dX} & -\dfrac{\cos\theta}{dX} & u_0 \\ 0 & \dfrac{1}{dY\sin\theta} & v_0 \\ 0 & 0 & 1 \end{pmatrix} \begin{pmatrix} f & 0 & 0 & 0 \\ 0 & f & 0 & 0 \\ 0 & 0 & 1 & 0 \end{pmatrix} \begin{pmatrix} \boldsymbol{R} & \boldsymbol{T} \\ 0 & 1 \end{pmatrix} \begin{pmatrix} U \\ V \\ W \\ 1 \end{pmatrix} \tag{5 - 2}$$

式中:Z——尺度因子;

(u, v)—像素坐标系下的像素坐标；

$\boldsymbol{R}$—旋转矩阵；

$\boldsymbol{T}$—平移矢量；

$\begin{pmatrix} \boldsymbol{R} & \boldsymbol{T} \\ 0 & 1 \end{pmatrix}$—外参矩阵；

(U, V, W)—世界坐标系下某一点的物理坐标。

式(5-2)等号右边的前两项称为相机内参矩阵，表达式可以写成：

$$\begin{pmatrix} \dfrac{1}{\mathrm{d}X} & -\dfrac{\cos\theta}{\mathrm{d}X} & u_0 \\ 0 & \dfrac{1}{\mathrm{d}Y\sin\theta} & v_0 \\ 0 & 0 & 1 \end{pmatrix} \begin{pmatrix} f & 0 & 0 & 0 \\ 0 & f & 0 & 0 \\ 0 & 0 & 1 & 0 \end{pmatrix} = \begin{pmatrix} \dfrac{f}{\mathrm{d}X} & -\dfrac{\cos\theta}{\mathrm{d}X} & u_0 & 0 \\ 0 & \dfrac{f}{\mathrm{d}Y\sin\theta} & v_0 & 0 \\ 0 & 0 & 1 & 0 \end{pmatrix} \tag{5-3}$$

式中：f—像距；

$\mathrm{d}X$，$\mathrm{d}Y$—X，Y 方向上的一个像素在相机感光板上的物理长度参数；

u_0，v_0—相机感光板中心在像素坐标系下的坐标；

θ—感光板的横边和纵边之间的角度（90°表示无误差）。

内参矩阵取决于相机的内部参数。

$\begin{pmatrix} \boldsymbol{R} & \boldsymbol{T} \\ 0 & 1 \end{pmatrix}$ 称为外参矩阵，外参矩阵取决于相机坐标系和世界坐标系的相对位置。另外，由于光学镜头制造的工差，相机拍摄的图片难免存在畸变。畸变模型包括径向畸变和切向畸变。

3 阶径向畸变公式如下。

$$\begin{cases} \hat{x} = x(1 + k_1 r^2 + k_2 r^4 + k_3 r^6) \\ \hat{y} = y(1 + k_1 r^2 + k_2 r^4 + k_3 r^6) \end{cases} \tag{5-4}$$

3 阶切向畸变公式如下。

$$\begin{cases} \hat{x} = x + 2p_1 y + p_2(r^2 + 2x^2) \\ \hat{y} = y + 2p_2 x + p_1(r^2 + 2y^2) \end{cases} \tag{5-5}$$

式中：$(\hat{x}, \hat{y})$—畸变的归一化图像坐标；

(x, y)—无畸变的归一化图像坐标；

r—图像像素点到图像中心点的距离，$r^2 = x^2 + y^2$。

风致振动试验布置好高速摄像后,利用"张友正棋盘格标定法"对高速摄像进行标定。标定流程如图5-11所示。

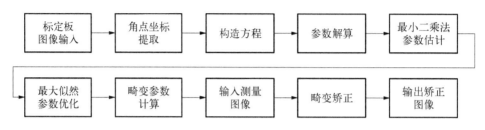

图 5-11 相机标定流程

高速摄像全视野大小约15 cm×10 cm,标定板的大小要大于全视野的1/3,小于全视野。因此,选取14.61 cm×14.61 cm尺寸标定板,单个方格边长14.61 mm,图案阵列为10×10。如图5-12所示,使用MATLAB 2014b自带的Camera Calibrator应用程序,将拍摄的13张标定板图像导入程序中,设置棋盘格方块尺寸为14.61 mm,经计算得到高速摄像机的内参矩阵和畸变参数。

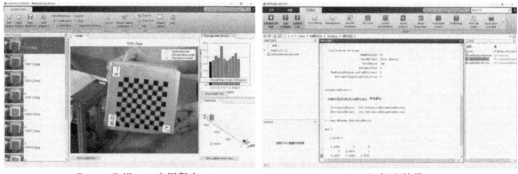

a. Camera Calibrator应用程序   b. 标定结果

图 5-12 MATALB 高速摄像标定

5.2.3 试验结果与讨论

(1) TELLO 无人机下洗流场作用下的风致振动

番茄花序随着植株增长逐渐增多,处于下部的花序开花时间较早,已完成了授粉,只需要对顶部花序中新开放的花朵进行授粉。因此,本试验选择第二花序作为研究对象。番茄第二花序着生于植株顶部,周围无其他枝叶,便于观测,且下洗流场发展无植物阻碍,花朵不会与其他枝叶发生碰撞,振动参数能反映真实风致振动特性。

通过试验研究发现,在下洗流场作用下,花朵运动由两部分组成:一部分为花朵摆动,花朵在侧枝的带动下在水平方向来回摇摆,频率较低,对授粉无太大促进作用;另一部分为花朵振动,振动频率较高,对风致振动授粉至关重要。

当 TELLO 无人机以 1 m 高度悬停时,花朵振动图形如图 5 - 13 所示。

图 5 - 13　1 m 悬停时花朵摆动轨迹图(TELLO 无人机)

试验时,间隔 0.5 s 标记 1 次,标记总时长为 10 s。由图 5 - 13 可以发现,花朵在侧枝的带动下沿倾斜向下的方向来回摇摆,摆动范围约 35 mm,摆动轨迹与水平面呈 45°夹角。花朵 30 Hz 振动情况如图 5 - 14 所示,对应的振动幅度为 10 mm。

如图 5 - 14a 所示,初始时刻花朵处于左侧十字标记点,经过约 0.015 s 时间,花朵移

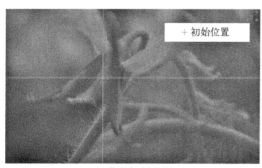

a. 花朵初始位置

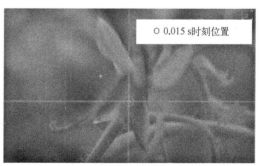

b. 经过0.015 s后花朵位置

图 5 - 14　花朵 30 Hz 振动图像

动至如图 5-14b 所示的圆形标记点,总历时 0.03 s 后花朵返回原来位置附近,完成一个周期的振动。

TELLO 无人机飞行高度增加到 1.3 m,花朵摆动轨迹如图 5-15 所示。下洗流场强度减弱,侧枝摆动幅度减小,花朵摆动范围约 15 mm,摆动轨迹与水平面的夹角约为 60°。此时,花朵风致振动的频率为 10～20 Hz。

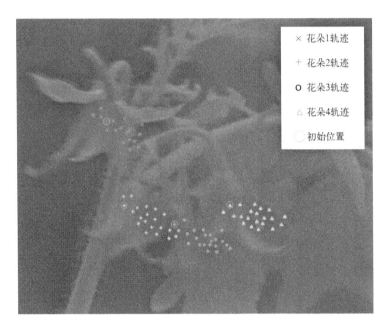

图 5-15 1.3 m 悬停时花朵摆动轨迹图(TELLO 无人机)

花朵 20 Hz 振动情况如图 5-16 所示。

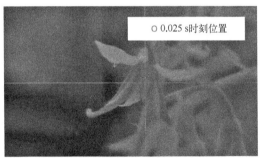

a. 花朵初始位置　　　　　　　　　　b. 经过 0.025 s 后花朵位置

图 5-16 花朵 10 Hz 振动图像

初始时刻花朵处于如图 5-16a 所示的十字标记点,经过约 0.025 s 时间,花朵移动至如图 5-16b 所示的圆形标记点,总历时 0.05 s 后花朵返回原来位置附近,完成一个周期的振动,振动幅度约 11 mm。

当 TELLO 无人机悬停高度增加至 1.5 m 时,下洗流场进一步减弱,侧枝摆动范围逐渐减小,花朵摆动轨迹如图 5-17 所示,摆动轨迹与花朵振动轨迹重合。此时,花朵振动频率为 5~10 Hz。花朵 10 Hz 频率振动时,振动幅度约 13 mm。

图 5-17 1.5 m 悬停时花朵摆动轨迹图(TELLO 无人机)

(2) E360 下洗流场作用下的风致振动

E360 无人机以 1.5 m 和 1.3 m 高度悬停时,花朵摆动轨迹分别如图 5-18a 和 5-18b 所示。

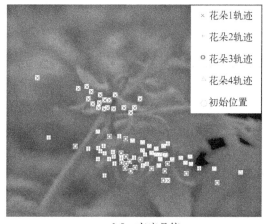 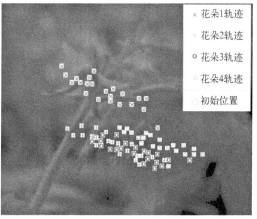

a. 1.5 m 高度悬停   b. 1.3 m 高度悬停

图 5-18 下洗流场作用下花朵摆动轨迹图(E360 无人机)

相较于 TELLO 无人机,E360 无人机下洗流场风速更强。两个悬停高度下,花朵最大振动频率约 30 Hz,最大振幅约 10 mm。花朵摆动范围约 30 mm,摆动轨迹与水平面的夹角约为 20°。

当 E360 无人机以 1 m 高度悬停时,由于下洗流场过于强烈(最大风速 12.7 m/s,平均风速 10.0 m/s),且番茄植株未进行搭架绑蔓,出现如图 5-19 所示的倒伏现象。

图 5-19　番茄风致损伤(倒伏)

5.3　下洗流场作用下花朵风致振动授粉分析

E360 无人机 1.3 m 高度悬停时和 1.5 m 高度悬停时,最大频率均为 30 Hz,最大频率时振幅均为 10 mm。TELLO 无人机分别以 1.0 m、1.3 m 和 1.5 m 高度悬停飞行时,下方番茄风致振动最大频率依次为 30 Hz、20 Hz 和 10 Hz,最大频率时的振幅分别为 10 mm、11 mm 和 13 mm。通过试验研究发现,当下洗流场平均风速超过 4.0 m/s 时,番茄花朵风致振动即可达到最大频率为 30 Hz,最大频率振动时振幅为 10 mm。下洗流场平均风速小于 4.0 m/s 时,花朵的最大振动频率会随之减弱,而最大频率时振幅会反向增加。

根据式(4-3)可以计算得出 30 Hz 和 20 Hz 对应的最大加速度大于 86 m/s²,根据前文研究可知,这两种振动作用下,番茄花朵具有很大的授粉可能性;10 Hz 对应的最大加速度为 25.5 m/s²,此时花朵授粉可能性较弱。但是,下洗流场作用下,花朵的振动频率在一定范围内变化,并非一直以最大频率进行振动,甚至在某一特定时间内可能不存在最大频率的振动。振动方向对花朵的授粉影响也非常大,最大频率振动时对应的振动方向也无法保证。按照最大频率进行风致振动授粉分析误差较大,按照平均频率和平均振幅来分析下洗流场的授粉能力更为合理。

平均频率和平均振幅的计算方法为:从番茄花朵风致振动高速图像中间,隔 0.5 s 选取 50 个采样点,测量出这些采样点对应的花朵振动频率和振幅,然后取算数平均值计算出平均频率和平均振幅。将 E360 无人机和 TELLO 无人机不同悬停高度时,下洗流场风力参数及其作用下的番茄花朵风致振动参数汇总于表 5－2。E360 无人机悬停高度为1 m 时,发生了风致损伤(倒伏),未纳入统计。

表 5－2　下洗流场风力参数与花朵风致振动参数对照表

机型	悬停高度/m	最大风速/(m·s⁻¹)	平均风速/(m·s⁻¹)	最小风速/(m·s⁻¹)	湍流强度/%	最大频率/Hz	最大频率时振幅/mm	平均频率/Hz	平均振幅/mm
E360	1.3	8.1	5.2	2.6	21.2	30	10	20	13
	1.5	5.6	4.0	2.1	15.5	30	10	16	10
TELLO	1.0	6.9	4.5	2.8	16.9	30	10	17	11
	1.3	5.1	3.1	1.9	18.2	20	11	14	9
	1.5	3.4	2.1	0.5	29.2	10	13	8	8

由表 5－2 可以发现,不同悬停高度对应的花朵平均频率和频率振动幅度存在显著差异。对于同一个机型,飞行高度越高,花朵平均振动频率越低,平均振动幅度也随之减小。

E360 无人机 1.3 m 高度悬停时,平均频率为 20 Hz,平均振幅为 13 mm,根据式(4－3)计算出最大加速度为 102.1 m/s²,峰值速度为 0.82 m/s。对于无人机下洗流场产生的风致振动而言,花朵的振动方向具有很强的随机性,既有垂直振动,也有水平振动,还存在着围绕花柄的摆动,是多种振动的综合叠加。根据章节 4.3.4 可知,E360 无人机1.3 m 高度悬停时产生的风致振动足够使番茄花朵的柱头黏附足够的花粉颗粒进行授粉。当 E360 无人机以 1.5 m 高度悬停时,平均频率下降至 16 Hz,平均振幅为 10 mm。此时,对应的最大加速度为 50.3 m/s²,峰值速度为 0.50 m/s。根据第 4 章的分析讨论可知,此时花朵成功授粉的可能性较低。

对于 TELLO 无人机而言,悬停高度为 1.0 m、1.3 m 和 1.5 m 时,番茄花朵风致振动平均频率分别为 17 Hz、14 Hz 和 8 Hz,平均振幅分别为 11 mm、9 mm 和 8 mm。根据式(4-3),分别计算出三个悬停高度下风致振动导致的花朵最大加速度和峰值速度。悬停高度为 1.0 m 时,最大加速度为 62.4 m/s²,峰值速度为 0.59 m/s。此时,番茄花朵具有较强的授粉能力。而悬停高度上升到 1.3 m 和 1.5 m 时,花朵的最大加速度分别为 34.6 m/s² 和 10.1 m/s²。这表明,TELLO 无人机在 1.3 m 及以上飞行高度时,下洗流场不足以使番茄花朵完成授粉。

综上所述,番茄花朵处下洗流场平均风速大于 4.5 m/s 时,风致振动可以使番茄花朵稳定可靠地授粉。但是下洗流场风速不宜超过 10 m/s,过大的下洗流场会对番茄植株产生风致损伤,可对待授粉植株进行搭架绑蔓处理。搭架绑蔓后,番茄植株的运动被限定,下洗流场对植株的作用力由架子承担,从而避免了茎秆的折断。同时,配合以整枝处理,减小植株的迎风面积,提高下洗气流的通过性,降低植株整体受力。

5.4　本章小结

① 无人机下洗流场具有强烈的时空脉动特性,E360 无人机 1 m 高度悬停时,下方下洗流场平均风速为 10 m/s,下洗流场强度随着飞行高度增加而减弱。

② 在下洗流场作用下,花朵运动由两部分叠加组成:一部分为花朵侧枝的摆动,一部分为花朵自身的振动,花朵自身振动是花朵振动授粉的主因。

③ E360 无人机 1.3 m 高度悬停和 TELLO 无人机 1.0 m 高度悬停时,下洗流场平均风速大于 4.5 m/s,此时下洗流场产生的风致振动可以使番茄花朵稳定可靠地授粉。

④ 过大的风速可能导致植株风致损伤,对于长势较弱的番茄需进行搭架绑蔓处理。

第6章

授粉无人机及作业效果研究

根据第 5 章研究表明,无人机下洗流场主要集中于机身正下方。常规无人机在温室栽培槽行间飞行时,下洗流场难以使两侧番茄花朵产生足够的风致振动。因此,需要根据作业需求设计专门用于授粉的无人机。同时,温室是一个密闭空间,无人机在温室内授粉飞行时,下洗流场会受到温室结构、作物以及无人机自身飞行参数的影响,发展和扩散规律不同于露天环境。因此,需要对授粉无人机温室作业飞行时的下洗流场进行研究。

本章首先设计研制授粉无人机气动布局,然后基于计算流体力学方法(computational fluid dynamics, CFD)对授粉无人机温室内飞行情况进行仿真计算,研究确定授粉范围和飞行参数。在上述研究基础上,进行温室番茄授粉试验,研究授粉无人机实际作业效果。

6.1 授粉无人机研制

6.1.1 气动布局设计

番茄茎秆细长,木质化程度较低,除个别直立品种以外,一般品种不分高秧和矮秧,早熟与晚熟均需搭架栽培。温室结构紧凑,空间狭小,在番茄正上方无太多可供飞行的空间,只能利用栽培槽行间进行授粉作业飞行。

如图 6-1 所示,四旋翼无人机一般为 X 形布局或十字形布局,相邻两个旋翼的转动方向相反,通过调节四个旋翼转速,实现升力的变化,从而控制飞行器的姿态和位置。飞行时旋翼 1 和旋翼 4 顺时针旋转,旋翼 2 和旋翼 3 逆时针旋转,旋翼转动产生的陀螺效应和空气动力扭矩效应被相互抵消,实现平衡飞行。

为了使无人机在温室行间飞行时,下洗流场能够对两侧番茄花朵产生足够的风致振动,在无人机旋翼正下方安装两块导流板,如图 6-2 所示。下洗流场作用于导流板之上

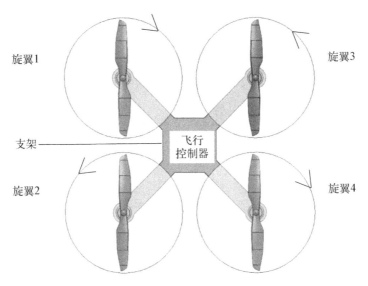

图 6 - 1　四旋翼无人机布局形式

时,由于导流板的存在迫使垂直向下的气流改变流向,向两侧倾斜发展,为番茄授粉提供授粉风场。为了避免在飞行时产生额外的扭矩,导流板左右对称,两块导流板的安装位置和结构完全相同。导流板长度和单侧两个旋翼中心距相同,导流板在垂直方向投影大于旋翼半径,使无人机旋翼产生的下洗流场有 1/4 作用于导流板。

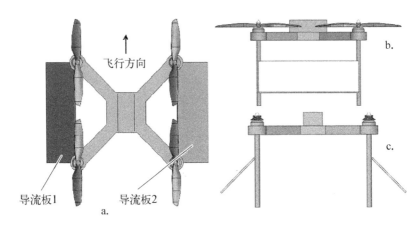

图 6 - 2　授粉无人机三视图

6.1.2　授粉无人机下洗流场测试

根据第 5 章研究结果可知,E360 无人机拥有较强的下洗流场,可以使番茄花朵发生更大的振动,且无人机尺寸大小适合在温室栽培槽间飞行。如图 6 - 3 所示,以 E360 无人机为原型,构建授粉无人机。

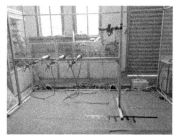

a. 授粉无人机实物　　　　　　b. 温室试飞　　　　　　c. 下洗流场测试

图 6 - 3　授粉无人机实物及测试

根据 E360 无人机尺寸,确定导流板长度为 23.5 cm,宽度为 10 cm,导流板与旋翼平面呈 45°夹角,导流板顶部距离旋翼垂直高度 5 cm。导流板使用 3D 打印机制作而成,材质为 ABS,实物如图 6 - 3a 所示。授粉无人机安装好后在温室内进行试飞测试。试飞测试表明,安装导流板的无人机具备较好的悬停、俯仰、滚转和偏航飞行能力。

根据 5.1 章节所述的无人机下洗流场测量方法,对授粉无人机进行测试,试验飞行高度为 1.3 m,风速仪安装高度 0.5 m,风速仪间距 0.3 m,测量结果如图 6 - 4 所示。

未加装导流板时,无人机下洗流场风速如图 5 - 8 所示。试验结果表明:授粉无人机在温室内飞行时需要根据作业要求改变悬停高度以及在行间位置,而下洗流场受到无人机飞行参数、作物以及温室结构的多重影响。目前,授粉无人机下洗流场在温室环境下的分布特性尚不清晰,需要对此开展深入的研究,分析授粉无人机有效授粉范围,确定适宜的授粉作业飞行参数。

由于温室环境复杂,使用试验方法测量授粉无人机下洗流场存在以下问题:首先,风速传感器采样频率和分辨率较为有限,无人机下洗流场时空脉动特性强烈,试验测量精度存在限制;其次,授粉无人机在作业时需要移动飞行,试验需要布置大量的风速传感器阵列,试验成本高昂;同时,授粉无人机下洗流场会穿透植株,作用于植株内部,而风速仪尺寸较大,难以对作物内部流程进行测量。因此,采取 CFD 方法对温室环境下授粉无人机飞行进行数值仿真计算。

6.2　授粉无人机 CFD 仿真模型

6.2.1　流动控制方程

下洗流场满足连续性方程、动量方程和能量方程,根据三个基本方程可建立描述下洗流场的数学模型,并运用 CFD 方法对下洗流场进行模拟仿真计算。

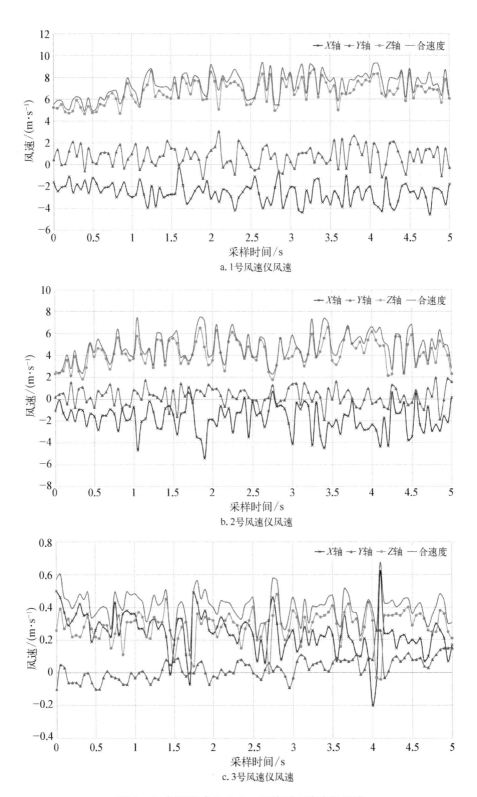

a. 1号风速仪风速

b. 2号风速仪风速

c. 3号风速仪风速

图 6-4 授粉无人机 1.3 m 悬停时下洗流场风速

（1）纳维-斯托克斯方程

研制的授粉无人机旋翼转速为 6 000 r/min 时翼尖最大马赫数仅为 0.097（小于 0.3），此时空气视为黏性不可压缩流体。因此，授粉无人机下洗流场可使用纳维-斯托克斯方程（Navier-Stokes equation，N-S）方程作为流动控制方程进行求解。

N-S 方程的矢量形式见下式：

$$\rho \frac{\mathrm{D}\boldsymbol{V}}{\mathrm{D}t} = \rho \boldsymbol{g} - \nabla p + \mu \nabla^2 \boldsymbol{V} \qquad (6-1)$$

式中：ρ —流体密度；

$\dfrac{\mathrm{D}}{\mathrm{D}t}$ —物质导数；

p —压力；

$\boldsymbol{V}$ —速度矢量；

∇ —梯度算子；

∇^2 —拉普拉斯算子；

μ —动力黏度系数。

在直角坐标系中，可改写为：

$$\begin{cases} \rho \dfrac{\mathrm{D}u}{\mathrm{D}t} = \rho g_x - \dfrac{\partial p}{\partial x} + \mu \left(\dfrac{\partial^2 u}{\partial x^2} + \dfrac{\partial^2 u}{\partial y^2} + \dfrac{\partial^2 u}{\partial z^2} \right) \\[2mm] \rho \dfrac{\mathrm{D}v}{\mathrm{D}t} = \rho g_y - \dfrac{\partial p}{\partial y} + \mu \left(\dfrac{\partial^2 v}{\partial x^2} + \dfrac{\partial^2 v}{\partial y^2} + \dfrac{\partial^2 v}{\partial z^2} \right) \\[2mm] \rho \dfrac{\mathrm{D}w}{\mathrm{D}t} = \rho g_z - \dfrac{\partial p}{\partial z} + \mu \left(\dfrac{\partial^2 w}{\partial x^2} + \dfrac{\partial^2 w}{\partial y^2} + \dfrac{\partial^2 w}{\partial z^2} \right) \end{cases} \qquad (6-2)$$

式中：u、v、w —流体在 t 时刻，在点 (x, y, z) 处的速度分量。

由于无人机下洗流场为复杂的三维湍流运动，直接求解 N-S 方程计算量过于庞大，求解效率极低。而求解雷诺时均方程，可以在确保求解精度的情况下显著缩短计算周期。

（2）雷诺时均方程

雷诺时均方程可通过对 N-S 方程的处理得到，即假定湍流中的流场变量是由一个时均量和一个脉动量组成，再引入 Boussinesq 假设，即认为湍流雷诺应力与应变成正比之后，湍流计算就归结为对雷诺应力与应变之间的比例系数（即湍流黏性系数）的计算。

雷诺时均方程为：

$$\begin{cases} \rho\dfrac{\partial U}{\partial t}+\rho U\dfrac{\partial U}{\partial x}+\rho V\dfrac{\partial U}{\partial y}+\rho W\dfrac{\partial U}{\partial z}=-\dfrac{\partial P}{\partial x}+\mu\left(\dfrac{\partial^2 U}{\partial x^2}+\dfrac{\partial^2 U}{\partial y^2}+\dfrac{\partial^2 U}{\partial z^2}\right)-\rho\left(\dfrac{\partial\overline{u'^2}}{\partial x}+\dfrac{\partial\overline{v'u'}}{\partial y}+\dfrac{\partial\overline{w'u'}}{\partial z}\right) \\[3mm] \rho\dfrac{\partial V}{\partial t}+\rho U\dfrac{\partial V}{\partial x}+\rho V\dfrac{\partial V}{\partial y}+\rho W\dfrac{\partial V}{\partial z}=-\dfrac{\partial P}{\partial y}+\mu\left(\dfrac{\partial^2 V}{\partial x^2}+\dfrac{\partial^2 V}{\partial y^2}+\dfrac{\partial^2 V}{\partial z^2}\right)-\rho\left(\dfrac{\partial\overline{u'v'}}{\partial x}+\dfrac{\partial\overline{v'^2}}{\partial y}+\dfrac{\partial\overline{w'v'}}{\partial z}\right) \\[3mm] \rho\dfrac{\partial W}{\partial t}+\rho U\dfrac{\partial W}{\partial x}+\rho V\dfrac{\partial W}{\partial y}+\rho W\dfrac{\partial W}{\partial z}=-\dfrac{\partial P}{\partial z}+\mu\left(\dfrac{\partial^2 W}{\partial x^2}+\dfrac{\partial^2 W}{\partial y^2}+\dfrac{\partial^2 W}{\partial z^2}\right)-\rho\left(\dfrac{\partial\overline{u'w'}}{\partial x}+\dfrac{\partial\overline{v'w'}}{\partial y}+\dfrac{\partial\overline{w'^2}}{\partial z}\right) \end{cases}$$

$$(6-3)$$

正是由于将控制方程进行了统计平均，只需计算出平均运动，而不需要对各单元的湍流脉动进行计算，从而降低了时空分辨率、减少计算工作量。综合雷诺时均方程的各项优势，选择雷诺时均方程作为流动控制方程。

6.2.2 湍流模型

无人机旋翼高速转动时，下洗流场中存在明显的湍流切应力传输。为此，采取剪切应力输运(SST)$k-\omega$模型，对下洗流场的湍流情况进行描述。

SST $k-\omega$ 模型为改进的 BSL $k-\omega$ 模型，BSL $k-\omega$ 的输运方程见下式：

$$\begin{cases} \dfrac{\partial}{\partial t}(\rho k)+\dfrac{\partial}{\partial x_i}(\rho k u_i)=\dfrac{\partial}{\partial x_j}\left(\Gamma_k\dfrac{\partial k}{\partial x_j}\right)+G_k-Y_k+S_k \\[3mm] \dfrac{\partial}{\partial t}(\rho\omega)+\dfrac{\partial}{\partial x_i}(\rho\omega u_i)=\dfrac{\partial}{\partial x_j}\left(\Gamma_\omega\dfrac{\partial\omega}{\partial x_j}\right)+G_\omega-Y_\omega+S_\omega \end{cases}$$

$$(6-4)$$

式中：k —湍流动能；

ω —耗散率；

G_k、G_ω —k、ω 的平均速度梯度产生的湍流动能；

Γ_k、Γ_ω —k、ω 的有效扩散系数；

Y_k、Y_ω —湍流作用下的耗散；

S_k、S_ω —用户定义的源项。

但是 BSL $k-\omega$ 模型不能正确地预测从光滑表面流动分离的开始和数量。主要原因是没有考虑湍流切应力的传输，这导致了涡流黏度的过度预测。通过涡流黏度公式的限制，可以获得适当的输运公式，见下式：

$$\mu_t=\frac{\rho k}{\omega}\frac{1}{\max\left[\dfrac{1}{\alpha^*},\dfrac{SF_2}{\alpha_1\omega}\right]}$$

$$(6-5)$$

式中：μ_t —涡流黏度；

S —应变率；

α^* —抑制湍流黏度。

F_2 的表达式为：

$$\begin{cases} F_2 = \tanh(\varPhi_2^2) \\ \varPhi_2 = \max\left[2\,\dfrac{\sqrt{k}}{0.09\omega y},\,\dfrac{500\mu}{\rho y^2 \omega}\right] \end{cases} \qquad (6-6)$$

式中：y —至下一个曲面的距离。

SST k-ω 模型由内部区域的标准 k-ω 模型逐渐过渡到外部区域高雷诺数 k-ε 模型，合并了来源于 ω 方程的交叉扩散。在湍流黏度的定义中考虑到了湍流剪切应力的传递，使得该模型在计算多旋翼无人机下洗流场时有更高的准确性和可靠性。

6.2.3　旋翼转动

（1）多参考系模型

授粉无人机作业时，无人机处于悬停飞行状态，机架和导流板保持不动，四个旋翼进行高速旋转运动。假定下洗流场为定常流场，忽略旋翼和机架、导流板之间交互作用，旋翼影响可以用近似均值来代替，可采取多参考系（MRF）模型对转动的旋翼进行求解计算。MRF 模型对网格质量要求不高、计算速度快、容易收敛，适合用于对整个温室全域流程的计算研究，而且使用 MRF 模型可以为瞬态滑移网格计算提供一个较好的初始条件。

在使用 MRF 模型进行计算时，整个计算域被分成多个小的子域。每个子域可以有自己的运动方式，或静止，或旋转，或平移。流场控制方程在每个子域内进行求解，在子域的交界面上则通过将速度换算成绝对速度的形式进行流场信息交换。

在旋转坐标系下求解质量守恒以及连续性方程时，在动量方程中需要添加流体的加速度项。在 FLUENT 软件中求解旋转坐标系中的问题时可以使用两种速度，绝对速度 v 和相对速度 v_r。

两者的关系见下式：

$$v_r = v - (\boldsymbol{\omega} \times \boldsymbol{r}) \qquad (6-7)$$

式中：$\boldsymbol{\omega}$ —旋转角速度；

$\boldsymbol{r}$ —旋转坐标系下的位置向量。

惯性坐标系下动量方程的左侧为：

$$\frac{\partial(\rho \boldsymbol{v})}{\partial t} + \nabla \cdot (\rho \boldsymbol{vv})$$

在旋转坐标系下,动量公式的左侧用绝对速度可以写成下式:

$$\frac{\partial(\rho \boldsymbol{v})}{\partial t} + \nabla \cdot (\rho \boldsymbol{v_r} \boldsymbol{v}) + \rho (\boldsymbol{\omega} \times \boldsymbol{r})$$

用相对速度可以写为下式:

$$\frac{\partial(\rho \boldsymbol{v_r})}{\partial t} + \nabla \cdot (\rho \boldsymbol{v_r} \boldsymbol{v}) + \rho (2\boldsymbol{\omega} \times \boldsymbol{v_r} + \boldsymbol{\omega} \times \boldsymbol{\omega} + \boldsymbol{\omega} \times \boldsymbol{r}) + \rho \frac{\partial(\boldsymbol{\omega})}{\partial t} \times \boldsymbol{r}$$

式中:$\rho (2\boldsymbol{\omega} \times \boldsymbol{v_r})$ ——哥氏力。

在 FLUENT 计算中,忽略了上式中的最后一项 $\rho \frac{\partial(\boldsymbol{\omega})}{\partial t} \times \boldsymbol{r}$,所以利用相对速度公式不能准确模拟角速度随时间变化的流动。

(2)滑移网格模型

MRF 模型忽略了瞬态作用,对于授粉无人机下洗流场自身的求解精度不高,故采取滑移网格模型进行精确计算。滑移网格模型是动态网格运动的一种特殊状态,其节点在给定的动态网格区域中刚性移动。网格根据运动状态实时更新,界面也会即时更新以反映各单元的新位置。

由于滑移网格模型中的网格运动是刚性的,所有的区域单元都保留原始的形状和体积,单元体积不随时间变化,见下式。

$$V^{n+1} = V^n \tag{6-8}$$

式中:V ——控制体体积;

n ——当前时间;

$n+1$ ——下一层时间。

滑移网格的广义守恒方程如下:

$$\frac{\mathrm{d}}{\mathrm{d}t} \int_V \rho \varphi \, \mathrm{d}V = \frac{[(\rho \varphi)^{n+1} - (\rho \varphi)^n]V}{\Delta t} \tag{6-9}$$

式中:ρ ——流体密度;

φ ——通用标量;

Δt ——时间步长。

为满足网格的守恒定律,控制体的时间导数 $\frac{\mathrm{d}V}{\mathrm{d}t}$ 由式(6-10)计算得到。

$$\frac{\mathrm{d}V}{\mathrm{d}t} = \sum_j^{n_f} \boldsymbol{u}_{g,j} \cdot \boldsymbol{A}_j = 0 \qquad (6-10)$$

式中：n_f—控制面数量；

　　$\boldsymbol{u}_{g,j}$—运动网格的网格速度；

　　$\boldsymbol{A}_j$—j 面的表面积向量。

6.2.4　压力-速度耦合算法

SIMPLE 算法作为一种基于压力求解器的压力-速度耦合算法,使用速度和压力校正之间的关系达到质量守恒并获得压力场。

如果用一个猜测的压力场 p^* 来求解动量方程,得到的面通量 J_f^* 不满足连续性方程,见下式。

$$J_f^* = \hat{J}_f^* + d_f(p_{c0}^* - p_{c1}^*) \qquad (6-11)$$

因此,将校正 J_f' 与面通量 J_f^* 相加,得到校正面通量 J_f 以满足连续性方程,见下式。

$$J_f = J_f^* + J_f' \qquad (6-12)$$

SIMPLE 算法中 J_f' 可写作：

$$J_f' = d_f(p_{c0}' - p_{c1}') \qquad (6-13)$$

式中：p'—压力修正值。

SIMPLE 算法将通量修正方程带入离散连续方程,得到 p' 的离散方程,见下式。

$$a_p p' = \sum_{nb} a_{nb} p_{nb}' + b \qquad (6-14)$$

式中：b—流入场中的净流量。

$$b = \sum_f^{N_{\text{faces}}} J_f^* A_f \qquad (6-15)$$

压力校正方程可以用代数多重网格方法求解,一旦获得求解结果,压力系数和面通量就可以得到修正。

$$p = p^* + \alpha_p p' \qquad (6-16)$$

$$J_f = J_f^* + d_f(p_{c0}' - p_{c1}') \qquad (6-17)$$

式中：α_p—压力松弛因子。

修正后的面通量 J_f 在每次迭代时均能完全满足离散连续方程。

SIMPLE 算法通过假设、求解进行不断修正,适用于计算网格复杂的流体模型,且在计算不可压缩流场时收敛速度较快,本研究中流体假设为不可压缩流体,基于此选用SIMPLE算法用于压力-速度耦合。

6.2.5 模型建立

（1）无人机模型

无人机机架等构件对无人机下洗流场的影响较小,在建模过程中利用简单的几何模型进行替代,降低建模难度,减少后期模拟流场的计算量。旋翼形貌对下洗流场起着决定性影响,旋翼建模精度要求非常高,使用手持式三维激光扫描仪对旋翼进行形貌扫描,根据扫描得到的三维点云数据逆向绘制出旋翼的高精度物理模型,如图6-5所示。

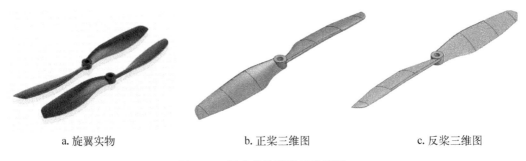

| a.旋翼实物 | b.正桨三维图 | c.反桨三维图 |

图6-5 无人机旋翼的三维模型

（2）作物模型

番茄开花期及结实期,枝叶发育完全,对无人机的遮挡作用最大,同时对无人机下洗气流影响达到最大,故选取番茄植株开花期作为研究对象进行试验。对番茄植株形貌包括株高、株宽等数据进行测量。由于番茄植株形貌细节过多,难以完全按照作物形貌建立模型,且作物在受到下洗流场或其他力的作用下易产生较大变形,需采用流固耦合模型,加大了计算难度,难以实现精确的数值模拟。根据实地测得的番茄植株平均株高1.2 m,平均株宽0.8 m的数据,建立长方体模型对作物进行简化,并通过设置多孔介质模型参数达到模拟作物的效果。

多孔介质为一种大量的孔隙和固体骨架构成的组合体,流体可以透过孔隙继续流动。无人机飞行过程中,由于受到作物对下洗流场的阻碍作用,造成动量损失。在建立作物三维数值模型时,将其形态特征进行简化,但作物本身对流场的阻碍作用需要在模拟仿真过程中体现。利用多孔介质模型处理作物,既能够在建模过程中简化模型,又能够保证简化后的模型在仿真过程中的有效性。

多孔介质模型基于Darcy-Forchheimer定律,假设作物为各项均匀多孔介质,可表示为下式：

$$S = -\frac{\mu}{\alpha}v - C_2\frac{\rho}{2}\mid v\mid v \qquad (6-18)$$

式中：S—动量损失项；

　　α—渗透率；

　　C_2—惯性损失系数。

通常情况下，动量损失一般包括两项：黏性损失项和惯性损失项。温室内的流体为空气，设置流体密度 $\rho = 1.225 \text{ kg/m}^3$。根据文献[180]，$\alpha = 0.395 \text{ m}^2$，$C_2 = 0.4$。渗透率的倒数为黏性损失系数。

（3）温室模型

温室模型以 Venlo 温室为原型构建，具体参数如表 6-1 所示。

表 6-1　试验温室参数表

项　　目	参　　数	项　　目	参　　数
跨度/m	3.2	总长度/m	20
肩高/m	3.8	行间距/m	0.75
檐高/m	4.4	屋面坡度/(°)	22
垄数/垄	8	垄宽/m	0.8

为探究温室结构及作物对无人机流场分布的影响，假设温室内部与外界空气不存在交换，简化天窗、侧窗、湿帘风机等结构，建立的温室-作物-无人机系统全尺寸模型如图 6-6 所示。垂直方向为 Y 轴，栽培槽沿 Z 轴布置（$+Z$ 为北），温室宽度方向为 X 轴（$+X$ 为西）。

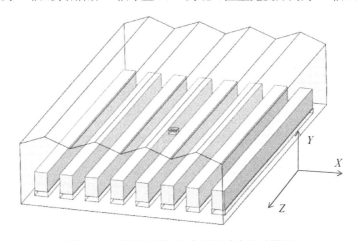

图 6-6　温室-作物-无人机系统全尺寸模型

6.2.6　计算域设置

如图 6-7 所示,根据滑移网格模型和 MRF 模型要求,将围绕无人机四个旋翼的区域设置为旋转域,旋转域为圆柱形,直径 21 cm,高度 1.5 cm,旋转域绕其自身中心做圆周运动,对旋翼的高速转动进行模拟;将包括旋翼、机身、导流板在内的区域设置为移动域,通过移动域水平或垂直运动,实现无人机在温室内改变飞行高度和位置。温室其他区域设置为静止域,静止域在全局坐标系下保持静止。旋转域、移动域和静止域三者之间壁面条件设置为 interface,温室墙壁、地面、栽培槽、机身、旋翼和导流板表明设置为 wall。

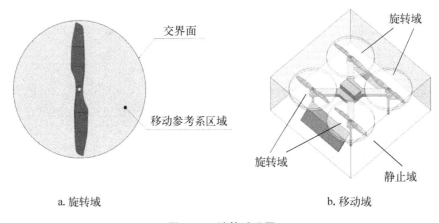

a. 旋转域　　　　　　　　　　　　　　b. 移动域

图 6-7　计算域设置

6.2.7　网格划分

有限元体积法作为一种离散化方法,需要将计算区域划分成一系列互不交叠的有限体积单元,通过离散方程进行求解,在进行流固耦合分析时,能够与有限元法进行较好的融合,适用于流体的计算,故对建立的全尺寸模型进行网格划分。ICEM CFD 是一个强大的网格划分软件[28],可快速生成六面体网格、自动检查网格质量且有多种求解器接口,可将网格模型导入 FLUENT 进行求解,故选用 ICEM CFD 对温室-作物-无人机三维数值模型进行网格划分。

温室体积超过 1 000 m³,总体结构较大,对网格划分的过于精细不仅占用计算机内存、降低计算速度,并且也对于提高求解精度的增益不明显,对温室模型设置最大单元尺寸为 0.3 m。

无人机与温室最终划分的网格模型如图 6-8 所示。

相较于温室模型,无人机模型结构较小,且旋翼模型的网格划分对无人机流场的模

a. 无人机网格模型

b. 温室网格模型

图 6 - 8 网格模型

拟结果的影响较大,需要对无人机部分的网格进行加密处理,对无人机机架最大单位尺寸设置为 2 mm,对无人机旋翼最大单元尺寸设置为 0.5 mm。

6.2.8 初始条件

无人机在温室授粉作业采取悬停飞行方式进行,但会根据花朵位置调整飞行高度,对不同植株授粉时行间悬停位置也会发生变化。温室栽培槽高度设置为 0.3 m,番茄高度设置为 1.2 m,无人机飞行高度设置为 1.5 m,与番茄顶部花序等高。无人机处于栽培槽中间位置。

首先使用 MRF 模型进行稳态计算,迭代 500 次,残差设置为 0.000 1,计算得到授粉无人机下洗流场在温室内的初始分布情况。然后将稳态计算结果用作瞬态滑移网格计算的初始条件,使计算更易收敛。滑移网格计算时间步长设置为 0.005 s,共计算 1 000 步,每步迭代 10 次,获得授粉无人机下洗流场精确发展情况。

6.3 仿真结果与讨论

6.3.1 温室内空气流动情况

当计算结束后,观测温室内空气流动情况,建立如图 6 - 9 所示流线图。

从图 6 - 9a 中可以发现,授粉无人机下洗流场影响着整个温室内空气流动,空气从四面八方流向无人机附近区域,并在高速转动旋翼作用下向下发展,其中一部分空气沿着栽培槽中间区域向温室南北两端(Z 轴方向)扩散,另一部分空气穿过作物向温室东西两端(X 轴方向)扩散。从图 6 - 9b 可以发现,无人机左右两侧的空气流动轨迹基本对称,顶部和侧面空气沿着温室壁面循环。由于有栽培槽基础的影响,底部空气在距离地面

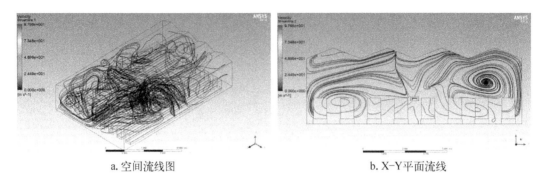

| a.空间流线图 | b.X-Y平面流线 |

图6-9 温室内空气流动分布图

30 cm 的栽培槽上表面流动。

为探究无人机飞行位置对于流场分布的影响,选取四个行间位置进行悬停仿真,分别为行中、行间、行尾以及过道,每个位置与栽培槽中心的距离分别为0、4 m、8 m及9 m。各位置的速度体渲染图如图6-10所示,图中颜色越深代表风速越大。

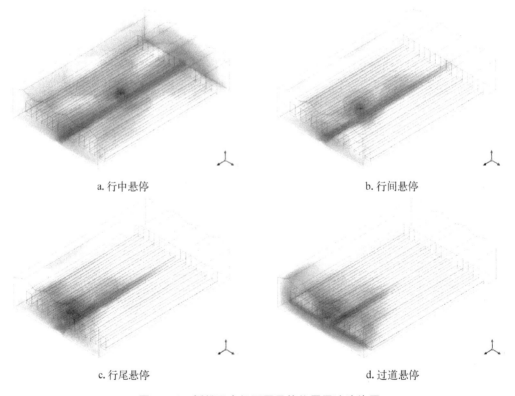

| a.行中悬停 | b.行间悬停 |
| c.行尾悬停 | d.过道悬停 |

图6-10 授粉无人机不同悬停位置风速渲染图

由图6-10可看出,无人机在行间悬停时,流场主要在行间发展,当发展到南北两侧玻璃时,沿着玻璃向温室上方发展。无人机悬停位置逐渐向温室北侧移动时,向南侧发展的流场减弱,在行尾位置悬停时流场温室南侧区域风速接近于零。无人机在过道位置悬停时,流场主要集中在过道以及对应行间,由于过道位置与温室北侧玻璃接近,流场发展到地面后沿地面发展到北侧玻璃,沿北侧玻璃向上发展,该区域内风速较大。

6.3.2　旋翼位置压力和速度分布

旋翼表面压力分布如图 6-11 所示,最大正压区域出现在旋翼翼尖迎风面处,最大压力达 2.21×10^3 Pa。旋翼上表面约 3/4 区域为负压区域,最大负压为 3.38×10^3 Pa。旋翼下表面为正压,上下表面压差为旋翼提供了升力。旋翼根部的上下表面均为正压,不产生升力。

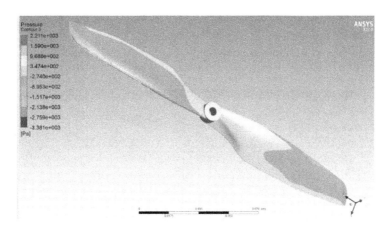

图 6-11　旋翼表面压力分布

旋翼正下方流场速度分布如图 6-12 所示。四个旋翼由于转速相同,翼型一致,在靠近桨盘处,下洗流场速度和分布基本一致。靠近翼尖处流场速度达 $7.8 \sim 9.9$ m/s,从翼尖到旋转中心速度逐渐减小,旋翼中心区域流场速度为 0 m/s。

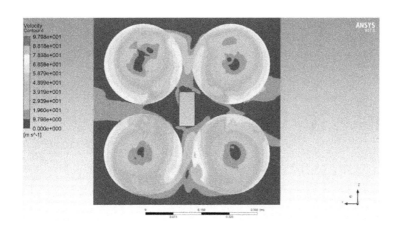

图 6-12　旋翼正下方流场速度分布

6.3.3 导流板作用分析

当没有导流板时,温室内下洗流场分布进行仿真计算结果如图 6 - 13 所示。

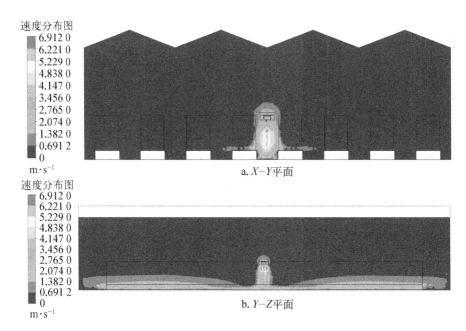

图 6 - 13 无导流板下洗流场分布

由图 6 - 13 可以发现,无导流板时无人机下洗流场较为稳定,无论是 X - Y 平面还是 Y - Z 平面,下洗流场均为对称结构。但是无导流板时下洗流场只能作用于两侧番茄的中下部区域,且最大风速只有 1.5 m/s,对番茄植株起不到有效授粉作用。

增加了导流板后,授粉无人机下洗流场流动情况如图 6 - 14 所示。下洗流场的流向

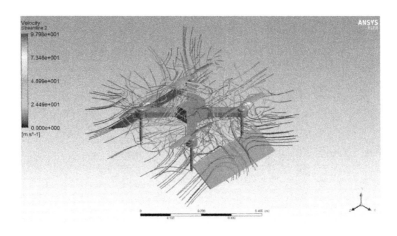

图 6 - 14 增加导流后的下洗流场流动仿真流线

出现了明显改变。部分空气流动至导流板后,在导流板的阻碍作用下改变原有流动方向,沿着导流板表面倾斜向下扩散。导流板的存在与否对无人机温室授粉作业起着至关重要的作用。

6.3.4　授粉作用范围

通过旋翼 1、旋翼 3(图 6-1 所示)的转动中心建立 X-Y 平面,得到如图 6-15 所示的 X-Y 平面下洗流场速度分布云图。

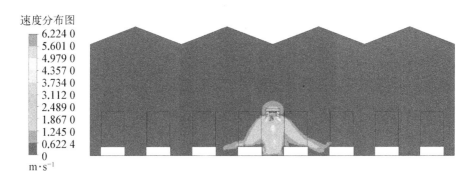

图 6-15　X-Y 平面下洗流场速度分布图

由于导流板的作用,下洗流场向两侧倾斜发展,作用宽度约 3 m。番茄顶部至中部区域受到明显的风力作用,靠近无人机一侧风速最大可达 5~6 m/s 左右。根据第 5 章研究可知,当下洗流场风速大于 4.5 m/s 时,风致振动即可使番茄花朵进行有效的授粉。番茄中部到底部区域,受到的下洗流场作用较小。由于番茄新生花序均处于植株的中上部,因此授粉无人机悬停高度与植株齐平时即可对所有待授粉番茄进行授粉作业。

通过旋翼 1、旋翼 2(图 6-1 所示)的转动中心建立 Y-Z 平面,得到 Y-Z 平面速度分布云图,如图 6-16 所示。在 Y-Z 平面上导流板不会影响下洗流场流动,下洗流场主

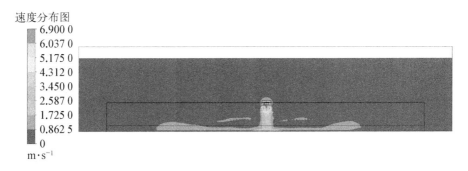

图 6-16　Y-Z 平面下洗流场速度分布图

要集中于旋翼下方,作用宽度约 0.6 m。

番茄种植株距一般为 0.3 m。综合图 6-15 和图 6-16 可以发现,授粉无人机在番茄顶部悬停时,下洗流场可以对两侧番茄进行风致振动授粉。番茄顶部花朵受到的下洗流场较大,为防止风致损伤,可提前进行搭架绑蔓处理。

6.4 授粉无人机作业效果研究

6.4.1 试验材料与方法

(1)试验材料

以合作 906 番茄为试验对象,采取 2.1.1 章节所述栽培方法,在不连通的温室东西两侧分别培育番茄,分为授粉无人机组和自然授粉组,每组随机抽取 10 株调查。

(2)授粉方法

从番茄第一花序萌发开始,至第五花序授粉完结束。根据番茄振动授粉和激素授粉的农艺要求[7,8,10],于每天上午 8:00～10:00,用授粉无人机对番茄花朵进行辅助授粉。无人机沿栽培槽行中间飞行,逐株悬停授粉,作业时无人机底部悬停高度与植株高度一致,无人机操控尽量平稳,避免靠近番茄导致损伤。授粉无人机完成前一株番茄授粉后,飞抵下一株番茄并稳定悬停耗时约 5 s,根据第 4 章研究可知,风致振动授粉会在 1 s 时间内完成,悬停 5 s 可确保花朵完成授粉,单次作业耗时约 10 s。

(3)项目测定

授粉效果:分别统计处理第二穗果的开花数、坐果数和畸形果数,计算坐果率和畸形果率。

产量:分别统计每次 10 株番茄的产量,计算出平均单株产量。坐果率(%)=结实数/开花数×100%,畸果率(%)=畸形果数/坐果数×100%。

6.4.2 结果与讨论

由表 6-2 可知,无人机授粉番茄坐果率和畸果率分别为 74.65%、11.03%,而自然授粉坐果率和畸果率分别为 53.58%、16.88%。相对于自然授粉,无人机授粉坐果率提高 21.07%,单株产量提高 0.55 kg,畸果率降低 5.85%。

汇总文献[7][8][181]关于不同授粉方式对温室番茄坐果率、畸果率和产量的影响数据,如表 6-3 所示,种植场所均为日光温室。

表 6 - 2 无人机授粉和自然授粉效果对比

授粉方式	坐果率/%	畸果率/%	单株产量/kg
无人机授粉	74.65	11.03	2.47
自然授粉	53.58	16.88	1.92

表 6 - 3 不同授粉方式授粉效果对比

授粉方式	坐果率/%	畸果率/%	单株产量/kg	数据来源
激素授粉	74.51	19.00	1.72	文献[181]
蜜蜂授粉	82.13	7.67	1.87	
熊蜂授粉	89.84	3.17	2.11	
振动授粉	83.30	5.13	1.84	
激素授粉	62.92	54.53	3.21	文献[7]
蜜蜂授粉	73.87	20.20	3.82	
熊蜂授粉	85.10	16.67	4.04	
振动授粉	70.87	20.93	3.68	
自然授粉	57.97	63.67	2.69	
激素授粉	74.70	16.90	1.85	文献[8]
熊蜂授粉	96.30	2.70	2.12	
振动授粉	79.70	6.40	1.97	

由于番茄品种、种植环境、栽培模式、管理水平、数据统计方法等不同,导致研究数值之间存在差异。为了对比分析不同授粉方式的授粉效果,将文献中的蜜蜂授粉和熊蜂授粉统一归纳为昆虫授粉,并将不同数据来源的昆虫授粉、激素授粉和振动授粉对应的坐果率、畸果率和单株产量进行平均,得到如图 6 - 17 所示的不同授粉方式平均授粉效果对比图。

由图 6 - 17 可知,不同授粉方法对番茄坐果率、畸果率和单株产量均有着明显的差异。不同的授粉方法下番茄坐果率从高到低依次为昆虫授粉、振动授粉、无人机授粉、激素授粉、自然授粉。昆虫授粉、振动授粉、无人机授粉和激素授粉对比自然授粉的坐果的相对增长率分别为 59.48%、45.50%、39.32% 和 31.97%。与自然授粉相比,四种授粉

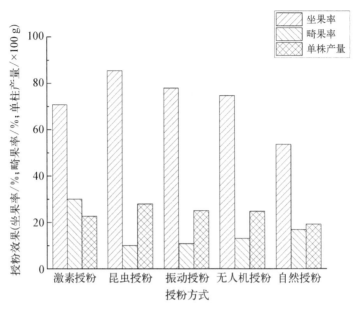

图 6-17 不同授粉方式平均授粉效果对比图

方法均可以显著提高单株产量,从高到低依次为昆虫授粉、振动授粉、无人机授粉和激素授粉,对比自然授粉的增长率分别为 45.31％、30.21％、28.65％ 和 17.71％。在畸果率方面,激素授粉高达 30.14％,昆虫授粉只有 10.08％,而无人机授粉和振动授粉均为 11％ 左右,自然授粉畸果率也较高(16.88％)。在授粉效果方面,无人机授粉总体与振动授粉相当,低于昆虫授粉,高于激素授粉和自然授粉。

目前温室番茄蜂鸣授粉主要为熊蜂(又称大黄蜂)和无刺蜂等体型较大的蜜蜂,这些蜜蜂产生的蜂鸣振动幅度更大,有利于授粉。蜂鸣授粉后果实畸形果率低、外形饱满、商品性好、色泽鲜亮,还可以减少植株染病的概率。但是蜜蜂需要非常专业的蜂群管理技术,而且蜜蜂授粉前和授粉期间对农药喷施有严格限制,授粉成本较高,在我国未得到大范围推广。

根据第 2 章可知,番茄花药结构封闭,机械振动授粉和无人机授粉均可通过外界扰动使花朵发生受迫振动,进而使花粉从花粉囊中释放并被柱头黏附。两者授粉机理相似,授粉效果相当。然而,机械振动授粉作业效率和劳动强度远高于无人机授粉,而且可能存在损伤作物的风险。机械振动授粉需要人工背负授粉器在温室内对待授粉花朵逐个振动,单株授粉时间约 30 s。授粉时需要将摆动杆与花柄轻轻接触,不能与花朵或果实直接接触,否则会产生损伤。机械振动授粉频率为花开时每天授粉,劳动强度也非常大。根据第 4 章的仿真计算可知,风致振动授粉过程十分迅速,振动 1 s 即可完成授粉。对于无人机授粉而言,每次悬停可对两侧番茄同时授粉,单株授粉时间只需 5 s,一架无人机每小时可对 720 株番茄进行授粉,具有极高的作业效率。而且,无人机授粉只需遥控操作无人机飞抵待授粉番茄上方稳定悬停即可,不需要人工逐棵进行作业,劳动强度远低于振动授粉和激素授粉,更没有农残危害。同时,通过第 5 章无人机温室飞行试验还发现,无人机下洗流场可以对枯枝和病叶起到清扫的作用,在一定程度上可以减少病虫害的发生。

无人机授粉亩产约 4 940 kg,机械振动授粉亩产约 5 017 kg,番茄单价按 4.3 元/kg 计算,机械振动授粉比无人机授粉多 331 元/亩。在设备成本方面,常规通用的 F450 型无人机(与 E360 无人机轴距接近)成本约 400 元,与振动授粉器基本一致,两者均可一次投入多次使用,消耗的电费也可以忽略不计。无人机授粉和机械振动授粉成本主要区别在人工费用,无人机授粉作业效率是机械振动授粉的 6 倍以上,在整个生产周期内,机械振动授粉人工成本约 1 200 元/亩,而无人机授粉人工成本最多需要 200 元/亩。因而,综合计算下来无人机授粉成本要比机械振动授粉低至少 600 元/亩。

综上所述,基于无人机下洗流场的风致振动授粉可以显著提高温室番茄坐果率、降低畸果率、提高产量,具成本低、作业效率高、劳动强度低和绿色环保等优点,具有很高的研究和推广价值。

6.5　本章小结

① 研制的授粉无人机有较好的悬停、俯仰、滚转和偏航飞行能力,在温室栽培槽行间飞行时,可对飞行方向两侧番茄进行风致振动授粉。

② 导流板的存在对无人机温室授粉作业起着至关重要的作用,若无导流板无人机在温室空间飞行,下洗流场不足以使番茄花朵进行有效风致振动授粉。

③ 授粉无人机翼尖下方流场的速度为 7.8～9.9 m/s,沿着旋翼直径方向,从翼尖到旋转中心速度逐渐减小,旋翼中心区域速度为零。

④ 授粉无人机 1.5 m 高度悬停时,番茄顶部至中部区域受到明显的风力作用,靠近无人机一侧平均风速可达 5～6 m/s,可同时对两侧 2 棵番茄进行有效风致振动授粉。

⑤ 无人机授粉番茄坐果率和畸果率分别为 70.87%、11.03%,无人机授粉可以显著提高温室番茄坐果率、降低畸果率,产量高于自然授粉 30% 左右。使用无人机对温室番茄进行风致振动授粉具有成本低、作业效率高、劳动强度低和绿色环保等优点,值得进行深入研究和推广。

第 7 章

总结与展望

7.1 本书研究总结

目前温室番茄生产中授粉技术仍存在较大不足,难以适应当下现代农业绿色、高效、便捷的生产需求,成为制约温室番茄产业进一步发展提升的因素。通常认为风力产生的风致振动也足以使番茄进行授粉。为此,本文通过栽培番茄花序宏观形态和花药微观结构研究,构建了待授粉番茄花朵三维结构模型;利用黏弹性球体接触理论,结合 AFM 压痕试验技术,对花粉颗粒接触过程力-位移关系进行解析,构建基于 JKR 模型的微尺度黏弹性花粉颗粒接触模型;在上述研究的基础上,利用离散元方法分别对番茄蜂鸣振动授粉和风致振动授粉过程进行仿真计算,探明了番茄花朵风致振动授粉机理,并寻找出适宜授粉的振动参数范围;通过试验,揭示了无人机下洗流场作用下番茄花朵风致振动规律;根据研究得到的适宜授粉的风力参数,研制了温室番茄授粉无人机气动布局,并利用 CFD 方法对授粉无人机温室环境下下洗流场分布特性进行了研究,确定了授粉无人机授粉效果。本书完成的主要研究工作如下:

① 以种植最为广泛的普通番茄和樱桃番茄为研究对象,采取在体观测、采摘解剖、石蜡切片和 Micro CT 成像等多种技术手段对番茄花朵宏观和显微结构进行深入研究,发现普通番茄和樱桃番茄在花序形态、花朵宏观形态、花药微观结构、花粉微观形态、花粉囊开裂特性、花朵振动授粉特性等方面具有高度相似性。研究中构建了番茄花药三维模型,为后续的番茄花朵授粉动力学研究提供了结构数据。

② 利用 Hertz 接触理论和 JKR 黏弹性接触模型,对花粉颗粒接触过程进行分析。研究花粉颗粒 AFM 探针修饰方法,基于 AFM 压痕试验技术对花粉颗粒接触过程中的黏附作用力和位移进行了测量。根据 JKR 模型和试验结果,解析计算得到番茄花粉颗

粒、花粉囊、柱头和花柱的杨氏模量分别为 4.82×10^4 Pa、5.51×10^4 Pa、2.31×10^5 Pa、1.01×10^5 Pa。当花粉颗粒探针逐渐靠近花粉颗粒、花粉囊、花柱和柱头时，所受到的近程吸引力分别为 -0.68 nN、-2.11 nN、-1.38 nN 和 -27.18 nN。作者使用离心法对 AFM 试验进行验证，发现离心法测量柱头黏附力具有测量精度高、成本低和速度快的优点，在微米尺度颗粒黏附力分析方面具有广阔的应用前景。

③ 风致振动授粉较优水平为 30 Hz、30 mm 振幅、Z 轴方向的振动，三个因素之间的主次顺序依次为振动频率＞振动方向＞振动幅度。蜂鸣振动授粉的较优水平为 300 Hz、0.5 mm 振幅、Z 轴方向的振动，振动参数的主次顺序依次为振动幅度＞振动频率＞振动方向。最大加速度小于 58.92 m/s^2 时，番茄花朵不具备授粉能力。最大加速度大于 58.92 m/s^2 时，花朵具有较大的授粉概率。当最大加速度介于 $353.52 \sim 2\,455.00$ m/s^2 时，花朵授粉可能性极高。但是当最大加速度超过 $2\,455.00$ m/s^2 时，花朵授粉可能性急剧下降。盲目增加最大加速度并不会提高授粉率，甚至会导致花朵的振动损伤。无论是风致振动授粉还是蜂鸣振动授粉，均是沿着 Z 轴方向的振动最有利于授粉。花粉黏附和逃逸在很短时间内（小于 0.4 s）达到饱和稳定状态，之后黏附数和逃逸数并不随时间的增加而变化。

④ 无人机下洗流场具有强烈的时空脉动特性，E360 无人机 1 m 高度悬停时，旋翼下方平均风速为 10 m/s，下洗流场强度随着飞行高度增加而减弱。在下洗流场作用下，花朵运动由两部分叠加组成：一部分为花朵侧枝的摆动，一部分为花朵自身的振动，花朵自身振动是花朵振动授粉的主因。E360 无人机 1.3 m 高度悬停和 TELLO 无人机 1.0 m 高度悬停时，下洗流场平均风速大于 4.5 m/s，此时下洗流场产生的风致振动可以使番茄花朵稳定可靠地授粉。但过大的风速可能导致植株风致损伤，对于长势较弱的番茄需进行搭架绑蔓处理。

⑤ 研制的授粉无人机有较好的悬停、俯仰、滚转和偏航飞行能力，在温室栽培槽行间飞行时，可对飞行方向两侧番茄进行风致振动授粉。导流板的存在与否对无人机温室授粉作业起着至关重要的作用，若无导流板无人机在温室行间飞行，下洗流场不足以使番茄花朵进行有效风致振动授粉。授粉无人机悬停高度与植株齐平时，番茄顶部至中部区域受到明显的风力作用，靠近无人机一侧风速可达 $5 \sim 6$ m/s，可同时对两侧 2 棵番茄进行有效风致振动授粉。无人机授粉可以显著提高温室番茄坐果率、降低畸果率，使番茄产量高于自然授粉 30% 左右，具有成本低、效益好、作业效率高和劳动强度低等特点。

7.2　创新点

① 利用 AFM 压痕试验技术对番茄花粉的接触过程进行测量，结合 Hertz-Middlin

弹性模型理论和 JKR 接触模型对 AFM 测量结果进行解析,突破微米尺度限制,首次得到番茄花粉黏附过程中黏附力、弹性模量和表面能等参数。

② 提出了在复杂振动条件下的番茄花朵振动授粉全过程仿真方法,实现了对不可测量的动态授粉过程进行综合描述和量化,研究了振动频率、振动幅度和振动方向对风致振动授粉和蜂鸣授粉的影响规律,优化得到适宜授粉的相关振动参数。

③ 通过解决番茄花朵风致振动授粉机理和下洗流场作用下番茄花朵风致振动特性等关键问题,研制了适宜温室环境下使用的授粉无人机气动布局,提出了基于无人机下洗流场的温室番茄高效、绿色、低成本的授粉方法,有效解决了当前温室番茄授粉中存在的难题。

7.3   后续研究展望

本书针对番茄风致振动授粉机理和温室番茄无人机风力授粉方法展开了深入的研究,由于时间和个人能力有限,还存在很多不足之处有待深化和提高。

由于温室空间狭小、种植密度高,手动控制无人机授粉作业对操作技术具有一定要求,失误时可能会损伤作物和无人机,需要研究温室场景下授粉无人机自主飞行和导航技术以及被动防碰撞结构,实现温室番茄无人机自动授粉。

由于仿真计算效率的限制,本文只对基于离散元的番茄振动授粉仿真进行了研究,后续需要开展柔性番茄植株、下洗流场和花朵振动授粉多物理场耦合分析,建立下洗流场与花粉振动之间的直接联系,更为精确地解析风致振动授粉过程和规律。

参考文献

［1］ 原静云,原让花,李贞霞,等.我国番茄种质资源研究进展[J].种业导刊,2016(4)：9－14.

［2］ 赵洪,邓姗,章毅颖,等.2009—2018年我国番茄品种利用及管理分析[J].江苏农业科学,2020,48(12)：24－28.

［3］ 田永强,高丽红.设施番茄高品质栽培理论与技术[J].中国蔬菜,2021(2)：30－40.

［4］ 李天来.我国设施蔬菜科技与产业发展现状及趋势[J].中国农村科技,2016(5)：75－77.

［5］ 李天来,许勇,张金霞.我国设施蔬菜、西甜瓜和食用菌产业发展的现状及趋势[J].中国蔬菜,2019(11)：6－9.

［6］ 叶海龙,钱丽珠.番茄杂交制种技术[J].上海蔬菜,2000(1)：16－17.

［7］ 周进,吴杨焕,张爱萍.不同授粉方法对设施番茄果实生长发育的影响[J].北方园艺,2017(10)：47－53.

［8］ 孙艳军,徐刚,高文瑞,等.不同授粉方式对日光温室番茄产量、品质及效益的影响[J].中国蔬菜,2017(6)：38－41.

［9］ Bashir M A, Alvi A M, Khan K A, et al. Role of pollination in yield and physicochemical properties of tomatoes (Lycopersicon esculentum)[J]. Saudi journal of biological sciences, 2018, 25(7): 1291－1297.

［10］ 武文卿,李川,武正成,等.设施番茄不同授粉方式的经济与生态效益[J].中国农业文摘-农业工程,2018,30(4)：80－85.

［11］ 张治家.8%对氯苯氧乙酸钠对番茄安全性、产量及品质的影响[J].山西农业科学,2011,39(7)：708－711.

［12］ 杨秀荣，刘亦学，孙凤芝，等.0.11%对氯苯氧乙酸钠 AS 在番茄上田间应用效果评价［J］.天津农业科学，2006(2)：32-34.

［13］ 马瑜璐，朱斌，徐昕荣，等.HPLC 法检测豆芽、芒果、番茄中 2,4-二氯苯氧乙酸的残留量［J］.广东化工，2013,40(15)：166-167.

［14］ Cooley H，Vallejo-Marín M. Buzz-Pollinated Crops：A global review and meta-analysis of the effects of supplemental bee pollination in tomato［J］. Journal of economic entomology，2021，114(2)：505-519.

［15］ 任笑铭.番茄授粉器助力温室番茄安全、优质、高效生产［J］.蔬菜，2017(2)：55-56.

［16］ Morse A，Kevan P，Shipp L，et al. The impact of greenhouse tomato (Solanales：Solanaceae) floral volatiles on bumble bee (Hymenoptera：Apidae) pollination［J］. Environmental entomology，2012，41(4)：855-864.

［17］ Silva-Neto C M，Ribeiro A C C，Gomes F L，et al. The stingless bee mandaçaia (Melipona quadrifasciata Lepeletier) increases the quality of greenhouse tomatoes［J］. Journal of apicultural research，2019，58(1)：9-15.

［18］ Zhang H，Shan S，Gu S，et al. Prior experience with food reward influences the behavioral responses of the honeybee apis mellifera and the bumblebee bombus lantschouensis to tomato floral scent［J］. Insects，2020，11(12)：884.

［19］ Cooley H，Vallejo-Marín M. Buzz-Pollinated Crops：A global review and meta-analysis of the effects of supplemental bee pollination in tomato［J］. Journal of economic entomology，2021，114(2)：505-519.

［20］ De Moura-Moraes M C，Frantine-Silva W，Gaglianone M C，et al. The use of different stingless bee species to pollinate cherry tomatoes under protected cultivation［J］. Sociobiology，2021，68(1)：5227.

［21］ Torres-Ruiz A，Jones R W. Comparison of the efficiency of the bumble bees bombus impatiens and bombus ephippiatus (hymenoptera：apidae) as pollinators of tomato in greenhouses［J］. Journal of economic entomology，2012，105(6)：1871-1877.

［22］ Toni H C，Djossa B A，Ayenan M A T，et al. Tomato (Solanum lycopersicum) pollinators and their effect on fruit set and quality［J］. The journal of horticultural science and biotechnology，2021，96(1)：1-13.

［23］ 马卫华，李新宇，申晋山，等.温室环境对蜜蜂群势、抗氧化酶系和解毒酶系的影响

［J］.应用昆虫学报,2020,57(05)：1104 – 1110.

［24］ 李震,张祖芸,何旭江,等.杀虫剂对蜜蜂行为与生理影响研究进展［J］.农药, 2018,57(7)：477 – 480.

［25］ Silva-Neto C M, Bergamini L L, Elias M A S, et al. High species richness of native pollinators in Brazilian tomato crops［J］. Brazilian journal of biology, 2016, 77：506 – 513.

［26］ 羊坚,杨慧鹏,谢伟,等.库尔勒香梨无人机辅助液体授粉花粉液参数优选及经济效益分析［J］.果树学报,2021,38(10)：1691 – 1698.

［27］ 李继宇,周志艳,兰玉彬,等.旋翼式无人机授粉作业冠层风场分布规律［J］.农业工程学报,2015,31(3)：77 – 86.

［28］ 程建斌,汪继斌,王年金,等.无人机辅助授薄壳山核桃花粉对山核桃的结实效应［J］.南京林业大学学报(自然科学版),2019,43(4)：199 – 202.

［29］ Shi Q, Mao H, Guan X. Numerical simulation and experimental verification of the deposition concentration of an unmanned aerial vehicle［J］. Applied engineering in agriculture, 2019, 35(3)：367 – 376.

［30］ Shi Q, Liu D, Mao H, et al. Wind-induced response of rice under the action of the downwash flow field of a multi-rotor UAV［J］. Biosystems engineering, 2021, 203：60 – 69.

［31］ 李锡香.番茄种质资源描述规范和数据标准［M］.中国农业出版社,2006.

［32］ 周艳朝,蒋芳玲,孙敏涛,等.醋栗番茄 LA2093 渐渗系的构建及花序相关性状 QTL 分析［J］.江西农业学报,2019,31(6)：1 – 8.

［33］ Allen K D, Sussex I M. Falsiflora and anantha control early stages of floral meristem development in tomato (Lycopersicon esculentum Mill.)［J］. Planta, 1996, 200(2)：254 – 264.

［34］ Molinero-Rosales N, Latorre A, Jamilena M, et al. SINGLE FLOWER TRUSS regulates the transition and maintenance of flowering in tomato［J］. Planta, 2004, 218(3)：427 – 434.

［35］ 田小琴.番茄花序间隔节位的 QTL 定位及 ShHsfC1 的功能分析［D］.武汉：华中农业大学,2018.

［36］ Lifschitz E, Ayre B G, Eshed Y. Florigen and anti-florigen-a systemic mechanism for coordinating growth and termination in flowering plants［J］. Frontiers in plant science, 2014, 5：465.

[37] Rodríguez G R，Muños S，Anderson C，et al. Distribution of SUN，OVATE，LC，and FAS in the tomato germplasm and the relationship to fruit shape diversity[J]. Plant physiology，2011，156(1)：275－285.

[38] Tanksley S D，McCouch S R. Seed banks and molecular maps：unlocking genetic potential from the wild[J]. Science，1997，277(5329)：1063－1066.

[39] 梅至诚.樱桃番茄复合花序及坐果习性的初步研究[D].杭州：浙江农林大学，2017.

[40] Miller J C，Tanksley S D. RFLP analysis of phylogenetic relationships and genetic variation in the genus Lycopersicon[J]. Theoretical and applied genetics，1990，80(4)：437－448.

[41] 单淑玲,庞胜群,郭晓珊,等.加工番茄小孢子细胞学发育时期与花器形态相关性研究[J].新疆农业科学,2018,55(11)：2028－2034.

[42] 高慧,李昂,陈双越,等.番茄花粉发育时期与花蕾大小关系的研究[J].延边大学农学学报,2016,38(4)：346－350.

[43] 李静,季淑婷,陈林凤,等.外源 ABA 对番茄花粉成熟的细胞学影响[J].中国农业文摘-农业工程,2019,31(04)：65－70.

[44] Sibi M. Obtention de plantes haploids par androgenese in vitro chez le piment (Capsicum annuum L.)[J]. Ann Amélior plantes，1979，29：583－606.

[45] Morrison R A，Koning R E，Evans D A. Anther culture of an interspecific hybrid of Capsicum[J]. Journal of plant physiology，1986，126(1)：1－9.

[46] 李淑红.加工番茄花药培养技术研究[D].石河子：石河子大学,2018.

[47] García C C，Nepi M，Pacini E. It is a matter of timing：asynchrony during pollen development and its consequences on pollen performance in angiosperms—a review[J]. Protoplasma，2017，254(1)：57－73.

[48] 丁泽琴,王志敏,牛义,等.植物花药开裂机制研究进展[J].中国蔬菜,2013(8)：12－18.

[49] 桂明珠.几种茄科作物花药结构与开裂方式的初步研究[J].东北农学院学报，1987(3)：233－244.

[50] García C C，Barboza G E. Anther wall development and structure in wild tomatoes (Solanum sect. Lycopersicon)：functional inferences[J]. Australian journal of botany，2006，54(1)：83－89.

[51] 陈芬芬,高惠,齐海军,等.黄瓜花蕾大小与花粉发育时期相关性研究[J].延边大

学农学学报,2016,38(02)：134-138.

[52] 石太渊,印东生,胡迎雪,等.辣椒雄性不育系小孢子发生的细胞形态学及减数分裂观察[J].辽宁农业科学,1999(6)：7-10.

[53] 朱丽萍,陈火英,庄天明,等.番茄不同花药长短及花粉发育时期其愈伤组织诱导率的相关性[J].上海交通大学学报(农业科学版),2005(3)：239-243.

[54] 许霞,杨建平.番茄花粉形态特征及其演化、分类的探讨[J].西北农业学报,2003(01)：53-56+157-158.

[55] 王开发,王宪曾.孢粉学概论[M].北京：北京大学出版社,1983：22-30.

[56] Nevard L, Russell A L, Foord K, et al. Transmission of bee-like vibrations in buzz-pollinated plants with different stamen architectures[J]. Scientific reports, 2021, 11(1)：1-10.

[57] Bochorny T, Bacci L F, Dellinger A S, et al. Connective appendages in Huberia bradeana (Melastomataceae) affect pollen release during buzz pollination[J]. Plant Biology, 2021, 23(4)：556-563.

[58] Hogendoorn K, Bartholomaeus F, Keller M A. Chemical and sensory comparison of tomatoes pollinated by bees and by a pollination wand[J]. Journal of economic entomology, 2010, 103(4)：1286-1292.

[59] Brito V L G, Nunes C E P, Resende C R, et al. Biomechanical properties of a buzz-pollinated flower[J]. Royal society open science, 2020, 7(9)：201010.

[60] Vallejo-Marín M. Buzz pollination：studying bee vibrations on flowers[J]. New Phytologist, 2019, 224(3)：1068-1074.

[61] Arroyo-Correa B, Beattie C, Vallejo-Marín M. Bee and floral traits affect the characteristics of the vibrations experienced by flowers during buzz pollination[J]. Journal of experimental biology, 2019, 222(4)：jeb198176.

[62] King M J, Buchmann S L. Sonication Dispensing of Pollen from Solanum laciniatum Flowers[J]. Functional Ecology, 1996, 10(4)：449-456.

[63] Buchmann S L, Hurley J P. A biophysical model for buzz pollination in angiosperms[J]. Journal of Theoretical Biology, 1978, 72(4)：639-657.

[64] Harder L D, Barclay R M R. The functional significance of poricidal anthers and buzz pollination：controlled pollen removal from Dodecatheon[J]. Functional ecology, 1994, 8：509-517.

[65] Luca P A D, Giebink N, Mason A C, et al. How well do acoustic recordings

characterize properties of bee (Anthophila) floral sonication vibrations? [J].
Bioacoustics, 2018,29(16): 1-14.

[66] Tayal M, Chavana J, Kariyat R R. Efficiency of using electric toothbrush as an alternative to a tuning fork for artificial buzz pollination is independent of instrument buzzing frequency[J]. BMC ecology, 2020, 20(1): 1-8.

[67] De Luca P A, Cox D A, Vallejo-Marín M. Comparison of pollination and defensive buzzes in bumblebees indicates species-specific and context-dependent vibrations[J]. Naturwissenschaften, 2014, 101(4): 331-338.

[68] Switzer C S, Combes S A. Vibrating Bees: Behavioral changes in buzz frequency [C]//Integrative and Comparative Biology. Journals Dept, 2001 Evans Rd, Cary, NC 27513 USA: Oxford Univ Press Inc, 2014, 54: E205-E205.

[69] De Luca P A, Vallejo-Marin M. What's the "buzz" about? The ecology and evolutionary significance of buzz-pollination [J]. Current opinion in plant biology, 2013, 16(4): 429-435.

[70] Rosi-Denadai C A, Araujo P C S, Campos L A O, et al. Buzz-pollination in Neotropical bees: Genus-dependent frequencies and lack of optimal frequency for pollen release[J]. Insect Science, 2020, 27: 133-142.

[71] Buchmann S L, Hurley J P. A biophysical model for buzz pollination in angiosperms[J]. Journal of theoretical biology, 1978, 72(4): 639-657.

[72] King M J, Buchmann S L. Floral sonication by bees: mesosomal vibration by Bombus and Xylocopa, but not Apis (Hymenoptera: Apidae), ejects pollen from poricidal anthers[J]. Journal of the Kansas Entomological Society, 2003, 76(2): 295-305.

[73] Corbet S A, Huang S Q. Buzz pollination in eight bumblebee-pollinated Pedicularis species: does it involve vibration-induced triboelectric charging of pollen grains? [J]. Annals of Botany, 2014, 114(8): 1665-1674.

[74] Alder B J, Wainwright T E. Phase transition for a hard sphere system[J]. The Journal of chemical physics, 1957, 27(5): 1208-1209.

[75] Cundall P A. A computer model for simulating progressive large scale movements in blocky rock systems[C]//Proceedings of the Symposium of the International Society for Rock Mechanics, Society for Rock Mechanics(ISRM), Paris, 1971: II-8.

［76］ 刘畅,陈晓雪,张文,等.PFC 数值模拟中平行粘结细观参数标定过程研究［J］.价值工程,2017,36(26)：204 - 207.

［77］ Berger R，Kloss C，Kohlmeyer A，et al. Hybrid parallelization of the LIGGGHTS open-source DEM code［J］. Powder Technology，2015，278：234 - 247.

［78］ Kozicki J，Donze F V. YADE-OPEN DEM：an open-source software using a discrete element method to simulate granular material［J］. Engineering Computations，2009，26(7)：786 - 805.

［79］ Weinhart T，Orefice L，Post M，et al. Fast，flexible particle simulations——an introduction to MercuryDPM［J］. Computer physics communications，2020，249：107129.

［80］ Itasca Consulting Group Inc. Particle flow code 6. 0 documentation［M］. Minneapolis：Itasca Consulting Group，2019.

［81］ EDEM Solutions Ltd. EDEM 2017 user guide［M］. Edinburgh，2016.

［82］ 曾智伟,马旭,曹秀龙,等.离散元法在农业工程研究中的应用现状和展望［J］.农业机械学报,2021,52(4)：1 - 20.

［83］ 李磊.离散元法在农业工程中的研究现状及展望［J］.中国农机化学报,2015,36(5)：345 - 348.

［84］ Horabik J，Molenda M. Parameters and contact models for DEM simulations of agricultural granular materials：a review［J］. Biosystems engineering，2016，147：206 - 225.

［85］ 韩树杰,戚江涛,坎杂,等.新疆果园深施散体厩肥离散元参数标定研究［J］.农业机械学报,2021,52(4)：101 - 108.

［86］ 袁全春,徐丽明,邢洁洁,等.机施有机肥散体颗粒离散元模型参数标定［J］.农业工程学报,2018,34(18)：21 - 27.

［87］ 罗帅,袁巧霞,GOUDA Shaban,等.基于 JKR 粘结模型的蚯蚓粪基质离散元法参数标定［J］.农业机械学报,2018,49(4)：343 - 350.

［88］ Landry H. Numerical modeling of machine-product interactions in solid and semi-solid manure handling and land application［D］. Saskatoon：University of Saskatchewan，2005.

［89］ 张荣芳,焦伟,周纪磊,等.不同填充颗粒半径水稻种子离散元模型参数标定［J］.农业机械学报,2020,51(S1)：227 - 235.

[90]　Horabik J，Beczek M，Mazur R，et al. Determination of the restitution coefficient of seeds and coefficients of visco-elastic Hertz contact models for DEM simulations[J]. Biosystems engineering，2017，161：106－119.

[91]　李永奎,孙月铼,白雪卫.玉米秸秆粉料单模孔致密成型过程离散元模拟[J].农业工程学报,2015,31(20)：212－217.

[92]　冯俊小,林佳,李十中,等.秸秆固态发酵回转筒内颗粒混合状态离散元参数标定[J].农业机械学报,2015,46(3)：208－213.

[93]　Boac J M，Casada M E，Maghirang R G，et al. Material and interaction properties of selected grains and oilseeds for modeling discrete particles[C]// American Society of Agricultural and Biological Engineers，Reno，Nevada，2009.

[94]　刘彩玲,王亚丽,宋建农,等.基于三维激光扫描的水稻种子离散元建模及试验[J].农业工程学报,2016,32(15)：294－300.

[95]　石林榕,孙伟,赵武云,等.马铃薯种薯机械排种离散元仿真模型参数确定及验证[J].农业工程学报,2018,34(6)：35－42.

[96]　Mousaviraad M，Tekeste M Z，Rosentrater K A. Calibration and validation of a discrete element model of corn using grain flow simulation in a commercial screw grain auger[J]. Transactions of the ASABE，2017，60(4)：1403－1415.

[97]　王云霞,梁志杰,张东兴,等.基于离散元的玉米种子颗粒模型种间接触参数标定[J].农业工程学报,2016,32(22)：36－42.

[98]　刘凡一,张舰,李博,等.基于堆积试验的小麦离散元参数分析及标定[J].农业工程学报,2016,32(12)：247－253.

[99]　马文鹏,尤泳,王德成,等.基于RSM和NSGA-Ⅱ的苜蓿种子离散元模型参数标定[J].农业机械学报,2020,51(8)：136－144.

[100]　于庆旭,刘燕,陈小兵,等.基于离散元的三七种子仿真参数标定与试验[J].农业机械学报,2020,51(2)：123－132.

[101]　鹿芳媛,马旭,谭穗妍,等.水稻芽种离散元主要接触参数仿真标定与试验[J].农业机械学报,2018,49(2)：93－99.

[102]　Tadrist L，Saudreau M，Hémon P，et al. Foliage motion under wind, from leaf flutter to branch buffeting[J]. Journal of The Royal Society Interface，2018，15(142)：20180010.

[103]　Martinez-Vazquez P，Sterling M. Predicting wheat lodging at large scales[J].

Biosystems engineering，2011，109(4)：326－337.

[104] Zhdanov O，Blatt M R，Zare-Behtash H，et al. Wind-evoked anemotropism affects the morphology and mechanical properties of Arabidopsis[J]. Journal of experimental botany，2021，72(5)：1906－1918.

[105] Berthier S，Stokes A. Phototropic response induced by wind loading in Maritime pine seedlings（Pinus pinaster Aït.）[J]. Journal of experimental botany，2005，56(413)：851－856.

[106] Burgess A J，Retkute R，Preston S P，et al. The 4－dimensional plant：effects of wind-induced canopy movement on light fluctuations and photosynthesis[J]. Frontiers in plant science，2016，7：1392.

[107] 周建中.林木风致动态响应特征的试验研究[J].西安建筑科技大学学报(自然科学版),2011,43(01)：64－69.

[108] Schindler D，Vogt R，Fugmann H，et al. Vibration behavior of plantation-grown Scots pine trees in response to wind excitation[J]. Agricultural & Forest Meteorology，2010，150(7－8)：984－993.

[109] Schindler D，Mohr M. No resonant response of Scots pine trees to wind excitation[J]. Agricultural and Forest Meteorology，2019，265：227－244.

[110] Schindler D，Fugmann H，Schönborn J，et al. Coherent response of a group of plantation-grown Scots pine trees to wind loading[J]. European journal of forest research，2012，131(1)：191－202.

[111] Schindler D，Mohr M. Non-oscillatory response to wind loading dominates movement of Scots pine trees[J]. Agricultural and forest meteorology，2018，250：209－216.

[112] Dirk S，Jochen S，Hannes F，et al. Responses of an individual deciduous broadleaved tree to wind excitation[J]. Agricultural and forest meteorology，2013，177：69－82.

[113] Timerman D，Barrett S C H. Comparative analysis of pollen release biomechanics in Thalictrum：implications for evolutionary transitions between animal and wind pollination[J]. New phytologist，2019，224(3)：1121－1132.

[114] 吴康,周建中,黄显学.林木风致随机振动模拟的研究[J].中南林业科技大学学报,2012,32(8)：42－45＋51.

[115] 任一凡.基于双向流固耦合的林木风致响应及防风效果研究[D].北京：北京林

业大学,2020.

[116] 杨望,梁磊,杨坚.风作用甘蔗的动力学仿真模型[J].农机化研究,2019,41(9):
9-14.

[117] 汤昌海.新疆杨风致减振机理的基础研究[D].北京:北京林业大学,2010.

[118] 李志杰.不同冠层特征的树木风致振动模拟[D].福州:福州大学,2016.

[119] 刘付仁,刘爱民,贺长青,等.杂交水稻全程机械化制种关键技术示范[J].杂交水稻,2017,32(1):34-36.

[120] 林金平,任万军,冯燕,等.机械育插秧和无人机技术在正优538制种中的应用[J].种子,2020,39(8):164-166.

[121] 汪沛,胡炼,周志艳,等.无人油动力直升机用于水稻制种辅助授粉的田间风场测量[J].农业工程学报,2013,29(3):54-61+294.

[122] 李继宇,周志艳,胡炼,等.圆形多轴多旋翼电动无人机辅助授粉作业参数优选[J].农业工程学报,2014,30(11):1-9.

[123] Jiyu L, Yubin L, Jianwei W, et al. Distribution law of rice pollen in the wind field of small UAV[J]. International journal of agricultural and biological engineering, 2017, 10(4):32-40.

[124] Li J, Shi Y, Lan Y, et al. Vertical distribution and vortex structure of rotor wind field under the influence of rice canopy[J]. Computers and electronics in agriculture, 2019, 159:140-146.

[125] 刘爱民,张海清,廖翠猛,等.单旋翼农用无人机辅助杂交水稻制种授粉效果研究[J].杂交水稻,2016,31(6):19-23.

[126] 王邦富,黄云鹏,范繁荣,等.杉木种子园无人机辅助授粉效果分析[J].福建林业科技,2019,46(02):35-38.

[127] 杨陆强,果霖,朱加繁,等.我国农用无人机发展概况与展望[J].农机化研究,2017,39(08):6-11.

[128] 王士林,雷晓晖,唐玉新,等.基于多旋翼无人机的梨树喷雾授粉技术[J].江苏农业科学,2020,48(23):210-214.

[129] Yang X, Miyako E. Soap bubble pollination [J]. iScience, 2020, 23(6):1-10.

[130] Amador G J, Hu D L. Sticky solution provides grip for the first robotic pollinator[J]. Chem, 2017, 2(2):162-164.

[131] Wood R, Nagpal R, Wei G Y. Flight of the robobees[J]. Scientific American,

2013，308(3)：60－65.

[132] 田永强,高丽红.温室番茄高品质栽培理论与技术[J].中国蔬菜,2021(2)：30－40.

[133] Chéné Y，Rousseau D，Lucidarme P，et al. On the use of depth camera for 3D phenotyping of entire plants[J]. Computers and electronics in agriculture，2012，82：122－127.

[134] Afonso M，Fonteijn H，Fiorentin F S，et al. Tomato fruit detection and counting in greenhouses using deep learning[J]. Frontiers in plant science，2020，11：1759.

[135] Sun G，Wang X. Three-dimensional point cloud reconstruction and morphology measurement method for greenhouse plants based on the kinect sensor self-calibration[J]. Agronomy，2019，9(10)：596.

[136] 高东菊,鲍文敏,陈岳,等.黄瓜果瘤石蜡切片制片技术[J].分子植物育种,2020,18(21)：7143－7148.

[137] 沈文浩.甘蓝型油菜每角果粒数细胞学研究及遗传解析[D].武汉:华中农业大学,2019.

[138] Staedler Y M，Masson D，Schönenberger J. Plant tissues in 3D via X-ray tomography：simple contrasting methods allow high resolution imaging[J]. PloS one，2013，8(9)：e75295.

[139] Staedler Y M，Kreisberger T，Manafzadeh S，et al. Novel computed tomography-based tools reliably quantify plant reproductive investment[J]. Journal of experimental botany，2018，69(3)：525－535.

[140] 马德伟,张成合,高锁柱,等.中国蔬菜花粉扫描电镜图解[M].北京:中国农业出版社,1999：79－80.

[141] Dai Q，Geng L，Lu M，et al. Comparative transcriptome analysis of the different tissues between the cultivated and wild tomato[J]. PLoS one，2017，12(3)：e0172411.

[142] Tomato Genome Consortium. The tomato genome sequence provides insights into fleshy fruit evolution[J]. Nature，2012，485(7400)：635－641.

[143] Tamburino R，Sannino L，Cafasso D，et al. Cultivated Tomato（Solanum lycopersicum L.）Suffered a Severe Cytoplasmic Bottleneck during Domestication：Implications from Chloroplast Genomes[J]. Plants，2020，9

（11）：1443.

[144] 柳冠青.范德华力和静电力下的细颗粒离散动力学研究[D].清华大学,2011.

[145] 葛林.原子力显微镜力谱技术及其在微观生物力学领域的应用[J].力学进展,2018,48(1)：461-540.

[146] 卜洋.基于原子力显微镜的细胞粘弹性力学性质测量[D].兰州：兰州大学,2020.

[147] Hertz H. On the contact of elastic solids[J]. Journal für die reine und angewandte Mathematik (Crelles Journal), 1880, 92(156).

[148] Mindlin R D. Compliance of elastic bodies in contact[J]. Journal of applied mechanics, 1949, 16(3)：259-268.

[149] Mindlin R D, Deresiewicz H. Elastic spheres in contact under varying oblique forces[J]. Journal of applied mechanics, 1953, 20(3)：327-344.

[150] Bradley R S. LXXIX. The cohesive force between solid surfaces and the surface energy of solids[J]. The London, Edinburgh, and Dublin philosophical magazine and journal of science, 1932, 13(86)：853-862.

[151] Johnson K L, Kendall K, Roberts A D. Surface energy and the contact of elastic solids[J]. Proceedings of the royal society of London. A. mathematical and physical sciences, 1971, 324(1558)：301-313.

[152] Derjaguin B V, Muller V M, Toporov Y P. Effect of contact deformations on the adhesion of particles[J]. Journal of Colloid and interface science, 1975, 53(2)：314-326.

[153] Maugis D. Adhesion of spheres：the JKR-DMT transition using a Dugdale model[J]. Journal of colloid and interface science, 1992, 150(1)：243-269.

[154] Fichman G, Gazit E. Self-assembly of short peptides to form hydrogels：Design of building blocks, physical properties and technological applications[J]. Acta biomaterialia, 2014, 10(4)：1671-1682.

[155] 胡静.基于微电极技术的黄瓜氮钾营养诊断研究[D].镇江：江苏大学,2015.

[156] 马晓晓,李华,葛云,等.番茄钵苗茎秆力学特性试验研究[J].农机化研究,2020,42(8)：161-167.

[157] 蒋傲男,闫静琦,卢海博,等.不同春玉米品种茎秆显微结构对抗折强度的响应[J].玉米科学,2020,28(5)：53-59.

[158] 胡彩旗,孙传海,徐艳.苹果树的枝干_花柄节点、花托_花冠节点力学试验与分析

[J].青岛农业大学学报(自然科学版),2015,32(3):211-214.

[159] Tanaka N, Uehara K, Murata J. Correlation between pollen morphology and pollination mechanisms in the Hydrocharitaceae[J]. Journal of plant research, 2004, 117(4): 265-276.

[160] Lynn A, Piotter E, Harrison E, et al. Sexual and natural selection on pollen morphology in Taraxacum[J]. American journal of botany, 2020, 107(2): 364-374.

[161] Tanda A S, Goyal N P. Insect pollination in Asiatic cotton (Gossypium arboreum)[J]. Journal of apicultural research, 1979, 18(1): 64-72.

[162] Buchmann S L, Shipman C W. Pollen harvesting rates for Apis mellifera L. on Gossypium (Malvaceae) flowers[J]. Journal of the Kansas Entomological Society, 1990: 92-100.

[163] Shang L, Song J, Yu H, et al. A mutation in a C2H2-type zinc finger transcription factor contributed to the transition toward self-pollination in cultivated tomato[J]. The plant cell, 2021, 33(10): 3293-3308.

[164] Ito S, Gorb S N. Fresh "pollen adhesive" weakens humidity-dependent pollen adhesion[J]. ACS applied materials & interfaces, 2019, 11(27): 24691-24698.

[165] 黄正梁,洪颖,田思航,等.聚乙烯颗粒间范德华力的原子力显微镜测量[J].化学反应工程与工艺,2020,36(4):319-324+355.

[166] 姚恒,郑昀晔,马文广.烟草花粉密度及其与柱头的黏附力测定[J].江苏农业科学,2013,41(12):85-88.

[167] Schiller L. A drag coefficient correlation[J]. V. D. I. Zeitung, 1935, 77: 318-320.

[168] Jackson R L, Green I. A finite element study of elasto-plastic hemispherical contact[C]//International Joint Tribology Conference, 2003, 37068: 65-72.

[169] Nevard L, Russell A L, Foord K, et al. Transmission of bee-like vibrations in buzz-pollinated plants with different stamen architectures[J]. Scientific reports, 2021, 11(1): 1-10.

[170] De Luca P A, Bussiere L F, Souto-Vilaros D, et al. Variability in bumblebee pollination buzzes affects the quantity of pollen released from flowers[J]. Oecologia, 2013, 172(3): 805-816.

［171］ Timerman D，Barrett S C H. Divergent selection on the biomechanical properties of stamens under wind and insect pollination［J］. Proceedings of the Royal Society B，2018，285(1893)：20182251.

［172］ Hennessy G，Harris C，Eaton C，et al. Gone with the wind：effects of wind on honey bee visit rate and foraging behaviour［J］. Animal behaviour，2020，161：23－31.

［173］ Kawai Y，Kudo G. Effectiveness of buzz pollination in Pedicularis chamissonis：significance of multiple visits by bumblebees［J］. Ecological research，2009，24(1)：215－223.

［174］ Goulson D，Peat J，Stout J C，et al. Can alloethism in workers of the bumblebee，Bombus terrestris，be explained in terms of foraging efficiency？［J］. Animal behaviour，2002，64(1)：123－130.

［175］ Harada S，Li H，Funatsu K，et al. Spouting of fine powder from vertically vibrated bed［J］. Chemical engineering science，2002，57(5)：779－787.

［176］ 郑加强,徐幼林. 环境友好型农药喷施机械研究进展与展望［J］.农业机械学报，2021,52(3)：1－16.

［177］ Yao H，Qin R，Chen X. Unmanned aerial vehicle for remote sensing applications—A review［J］. Remote Sensing，2019，11(12)：1443.

［178］ Shi Q，Pan Y，He B，et al. The Airflow Field Characteristics of UAV Flight in a Greenhouse［J］. Agriculture，2021，11(7)：634.

［179］ Salcedo R，Pons P，Llop J，et al. Dynamic evaluation of airflow stream generated by a reverse system of an axial fan sprayer using 3D-ultrasonic anemometers. Effect of canopy structure［J］. Computers and electronics in agriculture，2019，163：104851.

［180］ 程秀花.温室环境因子时空分布CFD模型构建及预测分析研究［D］.镇江：江苏大学,2011.

［181］ 尤春,陈大军,吴文丽.不同授粉方式对温室番茄产量、品质及效益的影响［J］.长江蔬菜,2020(24)：56－58.